아이를 사랑하는 일

| 일러두기 |

본문에 나온 아이들의 나이는 한국 기준 나이로 표기했습니다.

우리 아이만의 가능성을 꽃피우는 존중 육아의 힘

아이를 사랑하는 일

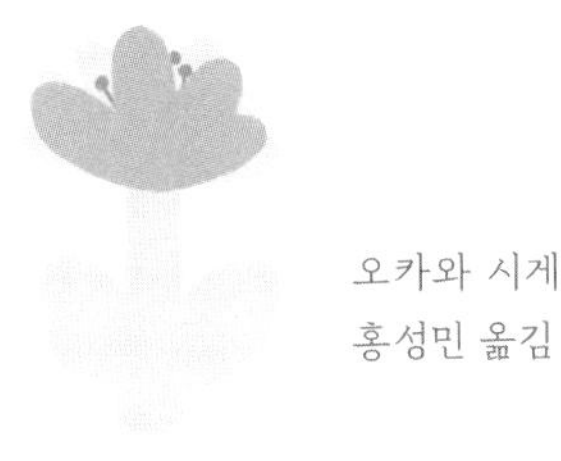

오카와 시게코 지음
홍성민 옮김

라이프앤페이지
Life&Page

차례

Part 1

몬테소리 교육 '자유롭게 살아가는 힘을 기르는 법'

Part 2
아들러 심리학 '존중 속에서 아이는 크게 성장한다'

Part 3
아이의 발달 삼각형 '아이의 마음이 성장하고 있습니다'

Part 4
상담 Q&A '2,800명의 아이들, 60년의 육아 현장에서 깨달은 것들'

Part 5

부모에게 꼭 들려주고 싶은 이야기

프롤로그

92세 현역 보육교사가 전하는 '기적의 어린이집' 이야기

"여기는 마치 '기적의 어린이집' 같아요."

전국에서 시찰과 견학, 취재를 위해 우리 어린이집을 찾아오시는 분들로부터 이런 이야기를 들으면 솔직히 자랑스러운 마음이 듭니다. 그와 동시에 "92세에 아직도 현역 선생님이시라고요?"라며 놀라는 표정을 보면 왠지 쑥스럽기도 하고요.

'기적의 어린이집'의 92세 할머니 교사. 말만 들으면 왠지 옛이야기에 나오는 마법사 같기도 합니다. (당연하게도) 저는 마법사는 아닙니다. 그런데 왜 90세가 넘은 나이에도 보육교사의 일을 계속하고 있는 것일까요?

굳이 이유를 말하자면, 우선 저 자신도 아직 공부를 하고 있는 중이기 때문입니다. 보육의 세계는 알면 알수록 심오해서 그 매력에 빠지게 되면 도저히 그만둘 수가 없습니다. 보육교사로 현장에서 일한 지 60년이 되었고, 그동안 2,800명이 넘는 아이들을 졸업시켰지만 '보육에 통달했다'는 생각은 여전히 들지 않고 조금만 더, 조금만 더, 하는 마음으로 일하다 보니 어느덧 이 나이가 되었습니다. 여전히 하루하루 배움이 끊이지 않는 일상입니다.

그리고 아이들을 보노라면 사랑스러워 어쩔 도리가 없네요. 어떤 아이라도 그만의 개성이 있고 에너지가 넘쳐 자꾸 애정이 갑니다. 졸업의 시기가 되면 매년 '아, 보내고 싶지 않다'는 생각을 하게 됩니다.

인사가 늦었습니다. 제 이름은 오카와 시게코입니다.

도치기 현 아시카가 시에 있는 '오마타 유아생활단'의 주임 보육교사로 있습니다. 유아생활단이라는 이름이 특이하다고 생각할 텐데, 1~7세의 아이들을 돌보는 일반적인 인가 어린이집입니다.

제가 태어난 해는 1927년입니다.

까마득하지요. 34세 때부터 지금까지 이 어린이집에서 아이들을 보살폈습니다. 처음 돌본 아이들이 어느덧 손자를 볼 나이가 되었습니다. 그 어린 장난꾸러기들이 할아버지, 할머니가 됐다고 상상하니 왠지 기분이 이상하네요.

이곳의 보육을 '기적'이라고 부르는 것은 제가 '92세의 현역 보육교사'이기 때문만은 아닙니다. 물론 오랜 시간 보육현장을 지키며 아이들을 돌봤지만 대단한 실력을 갖춘 기적의 보육교사는 아니니까요. 단지 '기적'이라고 부를 수 있는 것이 있다면 우리 어린이집만의 보육 방식 때문이라 생각합니다. 그렇다면 우리 어린이집의 보육 방식은 무엇일까요?

> 아이가 잘 자라고 있다. 1~7세의 어린아이라고는 생각할 수 없을 만큼 자립적이다.

이것만큼은 자부심을 갖고 있습니다. 오마타 유아생활단의 보육 테마는 한 마디로, '자유와 책임'입니다.

아이가 졸업할 즈음에는 자기가 하고 싶은 것에 몰두하고, 자기의 머리로 생각해서 자기의 능력을 발휘할 수 있는 힘(자유롭게 살아가는 힘)과 거기에 따르는 책임을 질 수 있는 아이로 성장하기를 바라며 보육합니다.

아이들이 자유와 책임을 마음속에 새기고 자립하기를 바랍니다. 그리고 자신의 인생을 사랑하고 즐기기를 바라지요. 그것을 매일매일의 보육 방침으로 삼고 있습니다.

＊ ＊ ＊

앞에서 오마타 유아생활단은 '일반적인 어린이집'이라고 했는데, 다른 어린이집과 비교하면 '조금은 색다른 점'이 있습니다.

우선, 어린이집의 부지가 3,000평이 넘습니다. 정원은 물론 작은 산이 있어서 걷기만 해도 삼림욕과 자연관찰을 할 수 있습니다. 연못도 있고, 매화나무도 있습니다. 등롱도 있고, 마리아상도 있습니다. 좀처럼 상상이 안 되지요? 이렇게 아주 넓은 정원을 갖고 있지만 아이들의 출입이 금지된 장소는 한 곳도 없습니다.

가장 오래된 원사는 원래 오카와가 자택(안채)으로 사용했던 옛 민가로, 아이들의 '제2의 집'입니다. 미국 페리함대가 에도만(도쿄만)에 진입했던 해보다 2년 앞선 1851년에 지어진 곳으로, 약 170년 정도가 되었습니다. 아시카가 시의 국내유형문화재이기도 합니다(오카와가 집안은 아시카가가 직물의 땅으로 유명해지기 훨씬 전부터 직물업과 실 장사를 했습니다).

이런 환경도 확실히 색다른 점이지만 무엇보다 우리가 하고 있는 보육인 아이의 '자유롭게 살아가는 힘'을 키우는 보육이야말로 '색다른 점'이라고 할 수 있습니다.

그럼 어떤 보육을 하고 있는지 설명해보겠습니다.

'모두 함께'를 강요하지 않는다

1~6세까지는 '반 전체가 같은 활동을 하는 시간'이 없습니다. 아이들 저마다 각자 하고 싶은 것을 합니다. 원의 가장 큰 아이인 7세 반도 다함께 같은 활동을 하는 시간은 하루에 한 시간뿐입니다.

자기 일은 스스로 결정한다

급식은 자율배식으로 진행합니다. 얼마나 먹을지 아이들 스스로 정해서 접시에 담습니다. 급식 시간이 됐어도 따로 하고 싶은 것이 있으면 먹지 않아도 됩니다.

낮잠은 강요하지 않는다

잠을 청한 지 20분이 지나도 잠이 안 오면 일어나서 낮잠을 자지 않고 놀아도 됩니다.

규칙은 원아가 정한다

교사 혼자 일방적으로 정하는 규칙은 거의 없습니다. 원아와 함께 의논하여 정합니다.

원아에게 명령하지 않는다

원아에게 어떤 행동을 해주기를 바랄 때 교사들은 "~해주지 않을래?" 하고 말합니다. "~해라" "~해"라는 표현은 절대 하지 않습니다.

몇 가지 예에 불과하긴 하지만 조금 특이한 편이지요.

우리끼리는 농담으로 '자유방임 어린이집'이라고 합니다. 왜냐면 교사가 아이에게 지시하거나 활동 계획을 세워주지 않기 때문입니다. 아이들은 등원하면 각자 좋아하는 활동을 하고, 하루 종일 똑같은 놀이를 할 때도 있습니다. 그런 활동이 일주일 내내 계속되어도 내버려둡니다.

그렇게 하면 '원이 붕괴'되는 것이 아닐지, 엉망진창이 되지는 않을지 이상하다고 생각할 수 있습니다. 그래서 견학 온 사람마다 이렇게 말합니다. "이곳은 기적의 어린이집이네요" 라고요.

'자유방임'이라고 말하지만 우리는 우리의 조금 특별한 교육을 마음 깊이 자랑스럽게 여기고 있습니다. 사실은 그냥 내버려두는 것이 아니니까요.

엄마, 아빠가 "갔다 올게!" 인사하며 아이를 어린이집에 맡기는 순간부터 "집에 가자!"고 데리러 올 때까지의 모든 시간이 그 아이를 성장시키는, 엄연한 '조기교육'의 시간이라고 자신합니다.

* * *

우리 어린이집의 보육을 이루는 토대는 '몬테소리 교육과 아들러 심리학'입니다. 몬테소리 교육과 아들러 심리학 모두, 최근에는 관련 서적도 많고, 육아 공부 모임도 많아졌습니다. 그래서 이런 이름을 많이 접해보았을 것입니다.

간략히 설명해보면, 몬테소리 교육은 마리아 몬테소리Maria

Montessori(이탈리아의 교육자, 의사)가 개발하여 발전시킨 것으로 장애아 교육에서 출발해, '자립적인 인간'을 키우기 위한 교육법(또는 그 사고방식)입니다. 아이가 해야 할 일을 어른이 일방적으로 정하지 않습니다. 무턱대고 대신 해주거나 참견하지 않는 것입니다. 아이가 가진 능력을 끌어내기 위해 어디까지나 지지하고 도와주는 역할에 충실합니다.

또, 아들러Alfred Adler(오스트리아의 정신의학자) 심리학에서는 어른과 아이의 관계를 '대등'하게 둡니다. 인생을 더 살았다고 해서 관계에서 더 높은 위치에 있는 것도 아니고, 명령하거나 화를 내도 되는 것도 아닙니다. 그러므로 야단치는 것은 물론 칭찬하는 것(평가를 내리는 것)도 좋다고는 할 수 없습니다. 단지 아이를 인정해주고 존중해줍니다.

우리가 몬테소리 교육을 도입한 것은 30년 전이고 아들러 심리학을 도입한 것은 20년 전으로, 둘 다 이 개념이 세상에 알려지기 훨씬 전이었습니다. 우리는 이 두 가지의 '장점'만 활용해서 보육의 기준을 삼았습니다.

* * *

왜 우리 어린이집은 이 몬테소리 교육을 시작했을까요.

오마타 유아생활단은 저의 시어머니였던 오카와 나미가 1949년에 세운 어린이집입니다. 설립 다음해, 보육교사 자격증을 가진 사람이 한 명 더 필요해 며느리인 제가 그 역할을 맡게 됩니다.

보육에 이렇다 할 관심은 없었지만 그 당시 시어머니의 말씀은 절대적이었습니다. 갓 태어난 둘째를 업고 헉헉대며 공부한 끝에 그 다음해 시험에 합격하게 되었습니다.

한동안은 이름만 등록된 상태로 있다가 아이들이 중학교에 들어가면서 보육 현장에 들어서게 되었습니다. 30대 중반의 늦은 시작이었지만 막상 아이들을 만나고 보니 매일이 즐겁고 기대가 되었습니다. 자연스럽게 이 일에 빠져들었습니다.

그전까지는 오마타 유아생활단도 일반적인 보육 방침으로 아이들을 돌보았는데 시어머니가 돌아가시면서 전환기를 맞이했습니다. 시어머니의 장례식에서 원의 이사회는 "주임 교사는 시게코 씨가 이어서 맡아주시고 원장은 마코토 씨에게 맡기겠습니다"라는 결정을 내리게 됩니다.

'아니, 마코토가 원장?'

깜짝 놀랐습니다. 그도 그럴 것이 작은 아들인 마코토는 그 당시 대학에서 공학을 전공한 뒤 새로 들어간 디자인학교를 막 졸업한 참이었습니다. 나이도 25세밖에 되지 않았고, 보육에 관해서도 문외한이었습니다. 사람들 앞에서 지명을 받아 어쩔 수 없이 원장직을 받아들였지만 마코토는 한동안 하는 일이 없었습니다.

그런데 어느 날, 원장이 원내를 어슬렁어슬렁 걸어다니고 있던 중에 베테랑 교사가 어두운 방에서 낮잠을 자지 않는 아이를 야단치는 장면을 목격하게 되었습니다. 그래서 교사에게 "낮잠을 안 잔다는 것만으로 야단치지 마세요!" 하고 말하자 교사도 "아이 앞에서 나를 야단치지 마세요!"라며 받아쳤다고 합니다. 그야 당연하지요.

그 일을 계기로 원장은 보육에 대해 진지하게 생각하게 되었습니다.

'이런 유아 교육은 하고 싶지 않고, 뭔가 이상하다.'

그런 생각을 갖게 되자 근처 유치원이나 어린이집을 유심히 보게 되었지만 대부분 같은 방식이라 실망하게 되었습니다. 그래도 포기하지 않고 '외국은 어떨까?' 알고 싶어 공부하던 중에 몬테소리 교육을 만나게 되었습니다.

'내가 찾던 교육이 바로 이거다!'

원장은 즉시 국내 몬테소리 교육의 일인자인 아카바네 게이코 선생님의 제자로 들어가 열심히 그 가르침을 배웠습니다. 그러나 원장이 보육교사 자격증이 있는 전문가도 아니었고, 자기의 생각을 현장에서 적용하려 해도 베테랑 교사들과 번번이 부딪치게 되었습니다. 저 역시 일반적인 보육의 시선에 갇혀 있었기 때문에 '그런 게 될까?' 반신반의했으니까요.

그래서 원장은 새로운 계획을 세우게 됩니다. 매년 우리 어린이집의 보육교사를 한 명씩 아카바네 선생님이 운영하는 교토몬테소리 교사육성코스에 보낸 것입니다.

7, 8년 정도 지나 전원이 연수를 경험했을 때쯤이었을까요. 교사들이 먼저 "원장님, 우리도 몬테소리 교육의 자유보육, 혼합보육을 해요" 하고 제안했을 때 저도 놀랐습니다. "네, 좋습니다." 원장은 애써 기쁨을 감추고 동의했습니다.

그 이후, 오마타 유아생활단은 확 변화하게 됩니다. 그리고 다시 10년 후, 원장은 아들러 심리학을 만나게 됩니다. 아들러의 이론에 강한 감명을 받은 원장은 아들러 심리학을 들여와 독자적으로 발전시킨 노다 슌사쿠 선생님의 제자가 되어 아들러 심리학을 공부했습니다.

그래서 저는 보육교사 인생의 절반은 일반적인 보육을 했고, 나머지 절반은 지금의 보육을 하게 되었습니다. 물론 처음 30년도 열정적으로 아이들을 돌보았고 매우 즐거웠습니다. 하지만 지금은 예전 보육으로 돌아가고 싶지 않습니다.

지금의 보육 방침을 적용한 뒤 아이들의 표정도, 성장하는 모습도 완전히 다르기 때문입니다.

* * *

감사하게도 오마타 유아생활단에 다니는 아이들의 어머니들은 하나같이 '꼭 이곳에 보내고 싶다!'는 강한 열망을 가진 분들입니다. 이곳에 들어오기 위해 아빠 혼자서 가족과 떨어져 생활하고 아이와 둘이 이사 왔다는 어머니도 있습니다.

다행히 원의 방침과 생각을 잘 이해해줘서 20년 넘게 불평이나 불만은 한 건도 없었습니다. 담당 공무원도 깜짝 놀랄 정도입니다. 보육의 세계에서는 일어나기 힘든, 엄청난 일이라고 합니다.

또, 저도 의아할 정도로 원을 견학하러 오는 사람이 끊이지 않습니다. 어린이집에서 일부러 홍보하는 것도 아닌데(홈

페이지도 없고 팸플릿도 없습니다) 자꾸 보러 와서 '그렇게 볼 게 있나?' 오히려 미안할 정도입니다.

어쨌든 보육 관계자, 교육 관련 대학 교수, 학생 등 여러 방면의 사람들이 찾아와 원을 보고는 놀라서 돌아갑니다. 어린이집의 가치를 높이 평가해주는 이야기에 기분이 좋기도 하지만 무엇보다 교사들이 일지에 '이런 보육을 할 수 있어 행복하다'고 써주는 것을 볼 때가 가장 기쁩니다. 아이를 존중하는 마음으로 아이와 대등한 입장에서 이루어지는 보육, 자유롭게 살아가는 힘을 키우는 보육은 어른에게도 행복한 일입니다. 그런 어른의 공기는 아이에게 그대로 전해진다고 생각합니다.

또, 행복하게 일하기 때문에 교사가 그만두지 않습니다. 그만둬도 바로 원에 되돌아옵니다. 너무 오래 일하다 보니 교사의 평균 연령이 너무 높아 난처했던 시기도 있었습니다.

일반적으로 보육교사의 평균 근속 연수는 7.6년이고, 사립 어린이집에 근무하는 보육교사의 이직률은 12퍼센트니까 이것도 우리 어린이집이 '조금 특이하다'고 할 수 있겠습니다.

* * *

어느 날, "선생님의 경험을 책으로 만들어보지 않겠습니까" 라는 제안을 받았을 때 무엇을 전달하면 좋을지 고민했습니다. 하지만 독자 모두를 아이들의 엄마, 아빠라고 생각하고 이야기하면 되지 않을까, 하고 깨달았습니다. 나와 여기에서 일하는 보육교사들이 '자유롭게 살아가는 힘과 책임'을 키우기 위해 시행착오를 거듭해온 것과 우리가 생각하는 사고방식을 전달하면 분명 힘이 될 것이라고 생각했습니다.

모든 아이는 '자유롭게 살아갈 수 있는 힘과 주체적인 의지'만 있으면 어떤 세상에서도 행복하게 살 수 있으니까요. 90세가 넘은 저는 물론, 부모도 상상할 수 없는 그런 세상이 되더라도 그런 마음만 있다면 아이들은 각자 자기 자리에서 자기답게 웃는 얼굴로 살아갈 수 있을 것입니다.

이 책은 소위 말하는 '육아서'로 불릴지도 모릅니다. 하지만 우선은 어깨의 힘을 빼주기를 바랍니다. 어른에게 말 잘 듣는 아이, 우수한 아이를 만드는 이른바 '성공한 사람'을 만들기 위해 '꼭 해야만 하는 육아법'이 담긴 것이 아니기 때문입니다. 우리 원에 다니고 있던 아이들의 이야기를 통해 그 아이 나름대로 잘 자라는 방법을 전해주고 싶습니다.

모두가 무의식적으로 사로잡혀 있는 '꼭 해야만 하는 육아'를 내려놓으면 부모나 아이 모두 아주 편하고 긍정적인 힘을 발휘할 수 있습니다. 응석쟁이도, 제멋대로인 아이도, 말썽쟁이도 모두 좋은 점을 발견할 수 있는 것이지요.

이 책에서는 육아 중인 부모들에게 전하고 싶은 힌트를 '자유롭게 살아가는 힘의 중요성' '아이를 존중하며 크게 성장시키는 법' '아이의 발달 삼각형' '엄마 아빠들과 함께하는 상담 Q&A' '부모에게 꼭 들려주고 싶은 이야기' 다섯 테마로 정리해보았습니다. 나의 소중한 아이를 떠올리면서 편안한 마음으로 읽으면 좋을 것 같습니다.

저는 남자아이 세 명을 키웠지만 매번 시행착오와 실수의 연속이었습니다. 실수투성이였다고 말하면 아이들이 기분 나빠할 지도 모르겠네요. 하지만 실제로 엄청난 잔소리를 해댔고 손을 댄 적도 있습니다. 정말 미안했던 일도 많이 있었습니다. 그런 후회가 있었기에 여러분의 마음에 다가갈 수 있다고 생각합니다.

"육아는 모두 성공적이었다." 그런 사람은 부모의 절박한 고민을 알 리가 없을 테죠. 자신 있게 말해두겠지만, 괜찮습니다. 아이는 잘 자라납니다.

조바심과 불안한 마음에 헤매는 부모들도 많이 보지만 저는 늘 그렇게 말합니다. 아이들에게는 시간이 필요하다고요. 그 시간을 견디고 지나오면 아이들은 저마다의 색깔로 꽃을 피운다는 것을 60년의 긴 시간 동안 보았고 확신을 가질 수 있었습니다.

아이의 가능성을 믿고 그 가능성이 세상에서 만개하도록 조금만 여유를 갖고 지켜봐주세요. '가장 나다운 모습으로 멋지게 살아가는 아이의 모습'을 즐거운 마음으로 함께하기를 바랍니다.

Part 1

몬테소리 교육 ‘자유롭게 살아가는 힘을 기르는 법’

힘껏 자기 꽃을
피울 수 있는 사람이 되기 위해

어떤 말을 먼저 전할지 생각해보다가 어린이집 입학안내서와 입학식에서 보호자에게 하는 말부터 시작해보기로 했습니다. 그것이 제가 아이들에게 바라는 것이기 때문입니다.

여러분은 여러분의 자녀가 사랑스럽고 소중할 것입니다. 보다 나은 인생을 살기를 바라고, 행복하길 바라고, 하지 않아도 될 고생은 시키고 싶지 않겠지요. 그건 부모로서 당연히 갖게 되는 마음입니다.

최근에는 육아에 대한 정보가 넘쳐나서 얼마든지 원하는 정보를 얻을 수 있습니다. 그래서 아이의 '행복'한 인생을 위해 교육열이 높은 부모도 많이 봅니다. 가능하면 아이가 잘

하는 것을 개발해 성공했으면 하는 마음도 품지요.

우리 어린이집의 입학을 고민하는 어머니에게 "우리 원에서는 몬테소리 교육을 합니다" 하고 말하면, "글로벌 기업을 운영하며 성공하는 사람을 키워내는 게 목표인가요?" "조기 교육에 중점을 두는군요!" 이내 상체를 앞으로 기울이며 크게 관심을 보이곤 합니다.

그러나 어머니들의 기대와 달리 저는 그런 목표를 갖고 있지 않습니다. 왜냐면 아이들 모두가 잘난 사람이 될 필요는 없기 때문입니다. 92세의 인생을 살아온 저는 성공한 사람이라 말할 수는 없지만 충분히 행복합니다.

저의 목표는 '성공한 사람'을 키우는 보육이 아닙니다. 제가 생각하는 보육의 방향은 아이마다 각자의 능력과 힘을 힘껏 발휘할 수 있게 하는 것입니다.

그 생각을 단적으로 나타내는 시가 있습니다.

이름 없는 풀도
열매를 맺는다
목숨을 다하여
자신의 꽃을 피우자

『인간이니까』 가운데 〈자신의 꽃〉

몬테소리 교육의 출발은 아이 본래의 정신을 잃지 않고 아이 고유의 독립성과 자율성, 기쁨과 즐거움을 만끽할 수 있도록 자라게 하는 데서 시작했습니다. 그 정신은 제가 아이들을 바라보는 시선과도 일치합니다. 있는 힘껏, 자신의 꽃을 피우는 아이는 얼마나 아름다운지요.

이것은 최상의 행복의 형태, 아이들 모습 그 자체입니다. 모두가 화려하고 커다란 꽃으로 눈길을 끌 필요는 없습니다. 어떤 모양, 어떤 색깔이든 자기 힘으로 자기만의 꽃을 피우면 됩니다. 그것이 작고 수수한 꽃이어도 눈길을 주는 그 누군가를 기쁘게 할 수 있다면 최고의 행복이 아닐까요.

육아에서 문제가 되는 것은, 본래 안개꽃을 피울 아이에게 '이럴 리 없어, 이 아이는 장미로 자랄 거야, 그렇게 키워야 한다'고 생각하는 것, 즉 아이를 부정하는 태도입니다.

물론 아이를 응원하고 지지해 재능을 키워주는 것은 어른의 역할입니다. 하지만 아이가 비범하여 성적이 우수하다거나 부자가 된다거나 뭔가 큰 것을 이뤄야만 훌륭한 것은 아닙니다. 그것이 '성공한 육아'는 더더욱 아닙니다.

저는 그 아이만의 꽃과 그것을 피우는 방법 — 아이의 고유한 개성을 찾아주는 것이 아이를 키우는 과정에서 가장 중요한 일이라고 생각합니다.

아이에게 불행한 일은 '성공한 사람'이 될 수 없는 것이 아닙니다. 진짜 불행한 일은 획일적으로 '성공한 사람'을 추구해서 아이가 진짜 자신을 부정하게 만드는 것이지요. 그렇게 되면 자신에 대해 인정하지 못하고 자신의 힘을 발휘하지 못한 채 생이 끝나버립니다.

수많은 아이들을 보살피면서 그 중에는 안타깝게도 사고나 병으로 어린 나이에 목숨을 잃은 아이도 있습니다.

그런 과정을 겪어왔기에 평범한 행복, 자신의 꽃을 발견하고 스스로 피우는 것이 얼마나 멋진 일인지 실감할 수 있는 것인지도 모릅니다. 눈앞의 아이가 환하게 웃는 얼굴로 자신의 삶을 살아갈 수 있는 것이 얼마나 큰 축복인지 아이들을 통해 배웠습니다.

그것은 아이들과 함께한 60년의 시간이 가르쳐준 삶의 진리입니다.

아무리 어려도
자신만의 특별함이 있다

육아에 정답은 없습니다. 아이들은 저마다 개성이 풍부한 존재이기 때문에 적용 가능한 답은 제각각입니다. 어린이집에서도 아이마다 다른 모습을 보여주기 때문에 참 흥미롭고 그 모습을 지켜보는 것이 공부가 됩니다.

어느 날 4세 반에서 이런 일이 있었습니다.

한 아이가 그림책 뒤표지에 누군가 색연필로 낙서한 것을 발견했습니다. 그러고는 "어, 이거 지워야 해"라며 낙서한 것을 지우개로 지우기 시작했습니다.

그 모습을 본 다른 아이가 낙서한 아이에게 "나빴어!" 하고 말했습니다. 그리고 "여기에 낙서하면 안 돼, 바보냐!" 하고 거칠게 야단쳤습니다. 그러자 야단맞은 아이는 서러운 듯 울음을 터뜨렸습니다.

아이들이 어떻게 하나 지켜보니, 다른 아이가 나타나 "이리 와" 하고 방 한쪽 구석으로 아이를 데리고 가 인터뷰 놀이를 시작했습니다. "당신 이름은 뭔가요?" 서러웠던 아이는 훌쩍거리며 인터뷰에 대답을 했습니다. 그러면서 분위기는 순식간에 달라졌습니다.

인터뷰 놀이 덕분에 울음을 그치고 아이가 진정한 틈을 타서 보육교사가 "이걸로 하면 잘 지워져" 하고 연마제가 들어간 스펀지를 아이에게 건넸습니다. 그다음은 아무 일 없었던 것처럼 모두가 사이좋게 지내더군요. 이런 식으로, 똑같은 상황에 대해 아이들은 각자의 개성에 따라 다른 반응을 보입니다.

아이는 저마다 생각이 있고 그것을 있는 힘껏 표현합니다. 보육교사 일지에서 이 에피소드를 읽고 4세 아이도 이렇게 개성을 드러내며 성장하는구나, 감동했습니다. 어린아이지만 각자의 꽃을 피웁니다.

흔히들 여자아이는 말이 빠르고 남자아이는 응석꾸러기라고 하지요. 그것은 전반적인 경향일 뿐, '모든 아이가 꼭 그렇다'는 원칙은 아닙니다. 성별, 태어난 달에 관계없이 아이들은 어엿한 개성을 갖고 있기 때문입니다.

제가 만난 2,800명의 아이들 가운데 발달 속도가 똑같은 아이는 한 명도 없었습니다.

세상의 육아 상식은 '그런 가설도 있구나' 하는 정도로만 받아들이기를 바랍니다. 그보다는 눈앞에 있는 아이의 활기 넘치는 개성을 충분히 음미하기를 바랍니다.

교육만큼
'무서운 것'은 없다는 깨달음

보육, 즉 '보호'와 '교육'을 평생 직업으로 여기며 지금까지 살아왔는데, 속으로는 '교육만큼 무서운 것은 없다'고 생각합니다.

저는 전쟁을 겪은 세대입니다. 학교를 다닐 때 학교에서 배운 대로 완전히 세뇌되었습니다. 저는 항상 우등생이었고 학교의 가르침대로 생각했습니다. 그래서 남들보다 공부도 열심히 했고 훈련도 열심히 하는 군국 소녀였습니다.

그러다가 전쟁이 끝나고 세뇌에서 벗어났을 때 비로소 전쟁의 실체를 알게 되었습니다. 그리고 '교육이란 정말 무서운 거구나' 몸서리쳤습니다. 어른이 생각을 강요하면 아이는 쉽게 물들어버립니다. 그때 저는 앞으로 뭐든지 의심하며 살자, 많은 사람의 이야기를 듣자, 그리고 스스로 판단하자, 이렇게 결심했습니다.

그 후, 오카와 집안의 며느리가 되어 보육교사가 되었을 때 이 교훈을 떠올렸습니다. 윗사람의 말에 "알겠다"고 무조건 따르기보다 스스로 생각해서 자신의 의견을 갖고 자기답게 살아갈 수 있도록 아이들을 이끌어야 한다고 말이지요.

오래 살아오면서 군국주의의 폐해를 온몸으로 체험한 저는 아이들의 사고가 어른들의 일방적인 메시지로 물들지 않는 것이 무척 중요하다고 생각합니다. 우리가 살아왔던 때와 지금 시대는 너무나 다르고 하루하루 빠른 변화의 소용돌이 속에 아이들은 자라고 있습니다.

과연 '정답'이라는 것이 존재하는 것인지 저는 100년 가까이 살아오니 그런 의문이 듭니다. 한 세기 동안 시대마다 추구하는 정답이 달랐습니다. 우리는 우리의 경험에 의존하여 정답을 강요하지만 모든 것은 변합니다. 변하지 않는 것은 아이만의 고유한 개성입니다. 아이에게 어떤 삶이 펼쳐질지 아무도 모를 일입니다. 그래서 우리는 아이에게 자신의 뜻대로 '자유롭게 살아가는 힘'을 키워줘야 합니다.

변화무쌍한 삶을 살아갈 아이에게 어른의 '정답'을 강요하는 것은 군국주의와 다를 게 없습니다. 그렇게 된다면 아이에게는 무엇보다 슬픈 일입니다. 아이의 자율성은 무엇보다 소중하고 존중되어야 합니다.

부모 먼저
판단력을 키워야 한다

정해진 활동계획이 없는, 자유로운 어린이집에 아이를 맡기면서 마음 한구석에서는 '공부시키지 않아도 될까?' 불안해하는 부모님도 있습니다. 실제로 어린이집을 조퇴하고 구몬교실(프랜차이즈식으로 운영하는 학습학원)에 다니는 아이도 있습니다. 우리에게 미안해서 말할 수도 없고요.

그것이 부모의 판단이라면 반대할 수 없습니다. 엄마, 아빠가 자녀에 대해 진지하게 고민하고 결정을 내린 것은 가치 있는 일이니까요.

가령 부모들 중에는 '육아 요령을 전부 가르쳐달라'는 식으로 부탁하는 사람도 있습니다. 현과 시에서도 '그림책 하면,

오카와 선생님'이라고 말해서인지 "아이에게 어떤 그림책을 읽히는 게 좋을까요?"라는 질문도 많이 받습니다.

그런 때는 노력을 인정받는 것이 기분 좋아 "제게 맡겨요!" 하고 의욕이 솟기도 합니다.

그러나 아이에 대해 최종적으로 결정하는 것은 당연히 부모입니다. "네, 알겠습니다" 하는 수동적인 자세는 좋지 않을 테지요.

그래서 우리는 교육업계 영업자가 가져온 교재나 그림책도 "어린이집이 추천하는 것은 아니다"라고 확실히 밝히고 나눠 줍니다. 이쪽에서 취사선택하지 않습니다. 그 교재가 아이에게 필요한지 어떤지 판단하는 것은 제가 아니라 엄마, 아빠이기 때문입니다.

제가 "이렇게 하세요" "그걸 주세요"라고 말하면, 가령 그것이 옳았어도 그런 식으로는 자체적인 '부모의 힘'이 생기지 않습니다. 그렇게 하면 스스로 자립할 수 없습니다.

아이에게 '자유롭게 살아가는 힘'을 키워주고 싶은 부모가 정작 자신은 자유롭게 판단할 수 없다면 그건 잘못된 것이라 생각합니다.

저는 두 달에 한 번 '마리아 언덕 통신'이라는 소식지를 보호자에게 보냅니다. 매해 1호 소식지에서는 저와 부모인 엄마, 아빠는 '육아 동지'라고 말합니다. 그리고 '왜지?' '이상한데?' '뭐지?' 의문이 드는 것은 주저 없이 말해달라고 요청합니다. 육아에 필요하니까, 라고 말이죠.

'이게 어떨까?' 생각하는데 도저히 판단이 서지 않으면 진지하게 고민하고 상의했으면 합니다. 아이의 부모로서 납득이 가는 답을 내리고 적용해야 하기 때문입니다.

물론 책에서 제가 말하는 것은 하나의 의견, 작은 힌트에 불과합니다. 절대적인 정답이 아니기 때문에 곧이곧대로 믿는 것이 아니라 '그런 방법도 있구나, 과연 그럴까?' 생각하면서 읽어주기를 바랍니다.

'이건 아니다!' 하는 부분도 있을 텐데, 절대 잘못된 것이 아닙니다. 그렇게 의문을 갖고 스스로 생각하는 자세가 부모에게는 꼭 필요하다고 생각합니다.

아이가 스스로 만족할 때까지 몰두하게 만드는 것

아이들에게 필요한 '자유롭게 살아가는 힘'을 키우기 위해서 우리는 '자유보육'을 합니다. "모두 이걸 합시다" "이거 할 시간이에요" 하는 설정을 하지 않아서 아이들은 각자 자유롭게 시간을 보냅니다.

매일 아침부터 저녁까지 아이들은 각자 자신이 하고 싶은 놀이를 합니다. 혼자 놀고 싶은 아이는 혼자 놀고, 친구와 놀고 싶은 아이는 주위 친구에게 말을 건넵니다. 보육교사가 아이들이 노는 도중에 놀이를 문제 삼거나 끝내는 경우는 없습니다.

이것은 '아이에게는 민감기가 있다'는, 몬테소리 교육 방식을 따른 것입니다. 인간의 발달 초기에 어떤 능력을 얻기 위해 주변 특정 요소를 파악하는 감수성이 특별히 민감해지는 일정한 시기가 민감기인데 몬테소리 교육에서는 '아이의 민감력은 시간이 지나면 사라지므로 이 시기를 그냥 흘려보내지 않는 것이 무엇보다 중요하다'고 봅니다.

몬테소리 교육에서는 민감기에 있는 아이의 행동을 방해하지 않고 아이 스스로 만족할 때까지 몰두하게 합니다. 언제, 무엇에 대해 아이의 민감기가 시작되는지는 아이마다 다릅니다.

어떤 3세 아이는 무너지지 않는 흙 경단을 만들기 위해 아침부터 저녁까지 놀이터 모래밭에서 시행착오를 거칩니다.

한 5세 아이는 7세 아이가 철봉에서 거꾸로 오르기를 하는 것을 보고 자신도 할 수 있을 때까지 매일 연습을 합니다.

또 어떤 7세 아이는 종이학 접기를 배운 다음날부터 몇 주 동안 쉬지 않고 종이학을 접습니다.

몇 시간이든 며칠이든 같은 행동을 반복합니다. 마음이 찰 때까지 몰두하고 달성해서 만족감을 느끼면 다시 다른 민감기에 들어갑니다. 진심으로 무언가에 몰두하는 모습은 어린 아이지만 참 멋집니다.

어른이 정한 활동계획에 따라 "다음은 리듬놀이 시간이에요" "운동시간이에요" 하고 강요해도 아이들에게는 뚱딴지같은 말로 들립니다. 열중하지 않는 것이 당연합니다.

'아, 조금만 더하면 터널을 완성할 수 있는데. 얼른 모래밭에 가고 싶다.'

'그림책, 더 읽고 싶은데, 꼭 다같이 노래 불러야 하나. 재미없어.'

어릴 때를 돌아보면 이렇게 생각하며 느꼈던 경험이 있을 것입니다.

앞서 말했듯, 아이의 민감력은 시간이 지나면 영원히 다시 오지 않기 때문에 아이의 이 소중한 시기를 무의미하게 보내지 않도록 부모들은 귀를 기울여야 합니다.

아이의 소중한 민감기를 어른의 무신경함으로 망가뜨리는 것은 안타까운 일입니다. 민감기는 특정 행동에 대해 감수성이 풍부해지는 시기인 만큼 특정 행동에 강한 집착을 보입니다. 아이가 잘 성장해 그 분야의 힘을 키우기 위해서 반드시 필요한 단계입니다. 그 집착을 고집으로 인식해선 안 됩니다.

아이 발달의 민감기를 이해하게 되면 자아 형성, 욕구 실현, 언어, 사회성에 대해 아이들 발달에 맞는 환경을 만들어줄 수 있습니다. 민감기는 인간의 기초를 만드는, 지금밖에는 없는 귀중한 시기입니다. 그렇다면 이 민감기를 잘 보내기 위해 아이의 욕구를 기분 좋게 인정해주기를 바랍니다.

천천히 성장하는 아이는 현재를 만끽한다

어린이집에서 아이들이 각자 하고 싶은 놀이를 한다고 했는데, 가장 큰 아이들 반인 7세 파랑반의 경우는 다릅니다. 매일 1시간씩 같은 활동을 하는데 이것은 '설정 보육'이라고 하는 활동입니다.

그러나 사전에 정해진 것은 제가 맡고 있는, 달크로즈Emile Jaques-Dalcroze(스위스의 음악교사, 작곡가)의 리트미크Rythmique(음악·노래·즉흥으로 이루어지는 음악교육 방법으로, 피아노를 사용한 리듬놀이를 떠올리면 됩니다. 피아노 소리에서 느낀 것과 이야기를 자기 나름대로 몸동작으로 자유롭게 표현하는 것이 매력입니다)와 낭독(그림을 사용하지 않고 이야기를 외워서 읊습니다. 아이들은 소리만으로 정경을 떠올릴 수 있습니다)을 각각 주1회, 월 1회 함께하는 것이 전부입니다.

그 외의 시간에 무얼 하며 보낼지는 다 자유이고 각자의 선택입니다. 지난 주 금요일, 아이들과 보육교사가 시끌벅적하게 토의를 했습니다. 예를 들어 여름축제 전이라면 이런 주제를 나누게 됩니다.

"작년에 파랑반이 했던 것처럼 가마 만들고 싶어요!"

"그래? 가마 만들기라. 며칠 정도 할까?"

"월요일하고 화요일! 수요일은 축구 하고 싶어요!"

이렇게 대화를 나누며 토의가 진행됩니다.

우선적인 것은 아니지만 보육교사도 연중행사로 '하고 싶은 활동'이 있습니다. 모내기나 크리스마스 파티, 절분 이벤트(입춘 전날 볶은 콩을 뿌려 악귀를 쫓는 행사)같은 것이지요. 그러나 대개는 '동경의 대상인 파랑반' 아이들이 했던 것을 떠올려 "똑같은 걸 하고 싶다! 재미있어 보였다!"고 말하기 때문에 보육교사는 "그래, 하자"고 대답합니다.

그런데 왜 7세 아이들만 '설정 보육' 시간이 있을까요?

우선, 7세 아동은 1~6세와 달리 '여럿이 같이 뭔가를 하고 싶다'는 기분과 가벼운 긴장감을 즐기는 마음이 키워졌기 때문입니다.

그리고 곧 다가올 초등학교 생활에 대비해야 하기 때문입니다. 그 전까지는 마음 가는 대로 놀았지만 이제는 아이를 붙잡고 '자신이 하고 싶은지 아닌지는 조금 뒤로하고 친구들과 같이 한다'는 것을 알려줄 시간이 필요하기 때문입니다.

어린이집과 초등학교에서의 생활에는 큰 차이가 있습니다. 일반 어린이집에 다녀도 유치원과 비교하면 초등학교에 가서 고생한다고 들었는데 우리 어린이집은 더욱 그럴 것입니다.

그래서 매해 어린이집 아이들이 입학하는 초등학교에 지도요록(아동의 학습 및 건강사항을 기록한 서류 원본)을 건넬 때 "우리 아이들이 적응이 어려울 수도 있습니다. 미안합니다만, 잘 부탁드립니다" 하고 말합니다.

물론 저도 아이들의 졸업이 가까워지면 "초등학교는 공부하는 곳이다" "공부 잘하는 요령은 선생님의 말씀을 잘 듣는 거다" 하고 알아듣도록 설명을 합니다.

그러나 엄격한 유아교육을 받은, 협조심 있는 아이들과는 아무래도 행동이 다릅니다. 그것은 어쩔 수 없는 일일 것입니다. 그래서 미리 양해를 구하는 것이지요.

그런데 고맙게도 어느 학교든 저희에게 이렇게 말해줍니다.

"아닙니다. 오마타 유아생활단 아이들은 5학년쯤 되면 모두 쑥 성장해요."

1학년 초에는 유치원에서 이미 글짓기를 했던 아이나 학원에서 영어를 배운 아이와 같이 공부하기 때문에 차이가 날 수 있습니다.

그러나 그런 출발선의 차이가 좁혀지면서 중학교 입학을 의식할 시기가 되면 오마타 출신 아이는 크게 성장하는 것이 눈에 보인다고 합니다. 그래서 매해 아주 기대된다는 말을 듣곤 합니다.

정말 기분 좋은 말입니다. '그래, 하자' '하고 싶다!'고 스스로 마음먹었을 때 낼 수 있는 힘이 훨씬 강하다는 의미이기 때문입니다. 어린이집에서 생활하면서 삶의 뿌리가 되는, 중요한 힘이 키워진 것이 아닐까 생각이 들었습니다.

가령, 어린이집에 다닐 때 유난히 튀었던, 그림책을 읽을 때도 한 자리에 차분히 앉아 있지 못했던 아이는 중학교에서 '영어를 배우고 싶다'고 생각한 후로 완전히 달라졌습니다.

지금은 영어 프로그램의 학교 대표와 그룹의 대표를 맡고 있으며, "영어 공부를 더하고 싶다"며 기독교계 고등학교에 진학해 열심히 공부하고 있습니다.

영어 수업을 하지 않는 우리 어린이집에 다녔어도 본인이 '하고 싶다'고 생각하면 그 길을 개척합니다. 이 아이를 보면서 어릴 적 우등생이나 어른이 생각하는 '착한 아이'가 아니어도, 또 공부를 하지 않아도 자유롭게 살아가는 힘을 키우면 훌륭하게 성장한다는 것을 다시 한 번 배웠습니다.

아이가 어릴 때는, 어른 입장에서 당연하다고 생각되는 '교육'을 주입할 필요는 없습니다. 그보다는 아이가 스스로 선택한 것에 몰두하는 경험을 쌓게 하는 것이 필요합니다. 이 경험은 어른이 되어 자신이 정말 몰두하고 싶은 것을 발견했을 때 큰 에너지가 됩니다.

아이들은 자신이 흥미를 느끼는 놀이는 수십 번을 반복해도 전혀 지루해하지 않고 관심을 보입니다. 우리 어린이집에서도 아이의 그런 모습을 발견하면 누구보다 지지하고 응원해줍니다.

아이가 몰두하고 집중하는 모습을 지켜보면, 자신의 세계를 만들어가며 그 안에서 정말 자유로워 보입니다. 그 경험은 아이의 마음과 몸에 새겨져 결국은 엄청난 에너지를 뿜어냅니다.

'하고 싶게 만드는 것'이 어른의 힘이다

최근에는 초등학교에서 "입학 전까지 자기 이름은 쓸 수 있게 해주세요"라고 말합니다. 그런데 원래 글자는 초등학교에서 가르쳐야 하는 것이 맞지요.

교육에 열심인 유치원에서는 이름쓰기는 물론, 글짓기까지 시킵니다. 한쪽은 "제 이름도 읽지 못해요, 쓰지 못해요"라고 하면 선생님도 지도하기 어려울 것입니다. 또, 아이 자신도 의기소침해지겠지요. 아이러니하지만 그렇습니다.

그래서 어린이집을 졸업하기 전까지 자기 이름은 쓸 수 있도록 지도하는 것이 일반적입니다. 그렇지만 우리는 "이름쓰기 시간이다!" 하고 직접적으로 시키지는 않습니다. 그저 기회를 만듭니다. 기회를 만들면 아이는 자기 이름 정도는 저절로 쓸 수 있고, 적어도 '알고 싶다'고 생각합니다.

그럼 이 '기회'란 것이 무엇일까요?

우리 어린이집은 5세부터는 등원하면 안전핀이 부착된 이름표를 꺼내 옷에 다는 '일'을 합니다. 처음에는 "이게 네 이름이야" 하고 담임 보육교사가 알려주면 뭔지도 모른 채 모양을 기억합니다. 그렇게 매일 하다 보면 6세가 될 즈음에는 '자기 이름'으로 인식합니다. 차츰 "선생님, 제 이름 쓰고 싶어요" 하고 말하는 아이들이 생겨서 그때를 놓치지 않고 이름쓰기를 가르칩니다.

아이가 "하고 싶다"고 말할 때 가르칩니다. 절대 억지로, 또 강제로 가르치지 않습니다. '쓰고 싶다'는 기분이 싹틀 때까지 여유를 갖고 기다리는 것입니다.

방침은 그렇습니다. 그런데 이럴 수도 있습니다. 어느 해인가 6세가 되고, 7세 반에 올라갔는데도 글자에 전혀 흥미를 갖지 않는 아이가 있었습니다. 그럭저럭 하는 사이에 어린이집을 졸업할 날이 다가왔습니다.

환경은 갖춰졌는데 '알고 싶다'는 생각이 들지 않기 때문에 그 아이에게는 시기가 아닌 것이었습니다. 억지로 책상 앞에

앉히고 싶지는 않았습니다. 그렇지만 초등학교에 가서 고생할 텐데 걱정스러운 마음이 들었습니다.

그런 상황을 바꾼 것은 바로 종이접기였습니다.

종이접기 실력이 뛰어난 원장에게 아이들이 "원장 선생님, 사자 접어줘요" "펭귄 접기 가르쳐줘요" 하고 찾아옵니다.

어느 날 그 아이도 코끼리를 접어달라며 찾아왔습니다. 그런데 원장은 처리할 일들이 쌓이면서 "종이에 자기 이름과 접고 싶은 걸 써오세요. 종이에 쓰지 않으면 선생님이 잊어버리니까" 하고 말했습니다.

"에이, 나는 글자 못 쓰는데." 그 아이가 이렇게 말하니, "그럼 선생님이나 친구한테 써달라고 해요"라고 원장이 응수했습니다. 아이는 원장의 말에 글자를 쓸 수 있는 친구를 찾아 도움을 청했습니다.

그런 일이 몇 번 반복되자 아이도 깨닫게 되었습니다.

'글자를 쓸 수 있으면 편리하구나.'

그래서 "선생님, 저 이름 쓰고 싶어요!" 하고 제게 뛰어왔습니다.

'드디어 글자에 흥미를 가졌구나' 안심하고 글자를 가르쳐 주었습니다. 그 이후는 알고 싶은 욕구가 강해져서 '더, 더' 하고 배우고 싶어 했습니다. 결국 일주일도 안 되어 글자 50음을 전부 외워버렸습니다. 이렇듯 아이의 의욕이란 정말 대단하게 작용하곤 합니다.

'글자를 알고 싶다'는 생각을 갖기 전에는 "이름을 쓸 수 있으면 편리하다"고 아무리 말해도 '글쎄' 하고 시큰둥하게 반응했을 것입니다.

처음부터 끝까지 준비를 하고 납득시키는 것이 아니라 '그것을 정말 하고 싶다!'는 생각이 들도록 기회와 환경을 만드는 것이 중요합니다.

그렇게 하기 위해서는 이 방법 저 방법을 고민해야 합니다. 쉬운 길은 아닙니다. 바로 이때가 어른의 역량을 보여줄 때입니다.

어른은 '재료'를 줄 뿐,
결정은 아이가 한다

무력한 모습의 갓난아기 때를 기억하는 엄마, 아빠에게 아이는 시간이 지나도 '아무것도 할 수 없는 존재'로 보입니다. 그런 까닭으로 아이가 4세가 되고, 5세가 되고, 6세가 되어도 아기 취급하는 경우가 많습니다. 그래서 아이가 원하지 않는데도 먼저 손이 나가고 잔소리를 하게 되는 것이지요.

그러나 그 아이에 관한 것은 아이 스스로 결정할 권리가 있습니다. 이때 어른의 일은 '결정하기 위한 재료'를 주는 것 뿐입니다.

물론 처음부터 아이 스스로 '결정'하기는 쉽지 않습니다. 그래서 우선은 '선택'부터 시작합니다. 우리 어린이집에서는

3세가 되면 '선택하는 연습'을 시작합니다.

예를 들면, 점심시간 때 물수건을 두 개 내밀며 "어느 걸로 할래?" 묻습니다. 둘 다 똑같은 물수건이지만 "음, 이걸로 할래요" "저거!" 하고 아이가 선택하게 하지요. 그 외에도 "우유랑 보리차 어떤 거 마실래?" "된장국, 얼마나 담을래?" 다양한 사항에 대해 물어서 아이 스스로 결정하게 합니다.

산책할지 다른 것을 할지도 아이가 결정합니다. "오늘은 나가기 싫고 안에서 놀고 싶다"고 정한 아이는 안에서 놀아도 됩니다.

가정에서 할 수 있는 선택은 무엇이 있을까요? 옷을 고를 때 양말이나 셔츠를 직접 선택하게 하면 어떨까요. 조합이 뒤죽박죽이어도 아이라서 귀엽고 사랑스럽습니다. 이렇게 아이에게 '선택하는 경험'이 쌓이면 차츰 '스스로 결정'할 수 있게 됩니다.

아이가 결정한 것에 대해서는 참견해도 아무 소용이 없습니다. 가령, 어린이집에 입고 갈 옷으로 하늘하늘한 프릴 장식이 달린 귀여운 옷을 고른 아이가 있다고 하면, 당연히 편한 옷이 놀이에 적당하고, 어린이집에 입혀 보내기는 아깝습니다. 그러나 "그거 벗고, 이거 입어" 하고 명령하면 아이는 자신의 결정이 반영되지 않았기 때문에 기분 좋을 리 없습니다.

물론 "그래, 그래" 하고 무조건 아이의 말을 모두 들어줄 수는 없습니다. 아직 아이는 결정을 위한 충분한 지식을 갖고 있지 않기 때문입니다.

그래서 이럴 때는 '결정에 필요한 재료'를 주는 것입니다.

"네가 정말 좋아하는 옷이 더러워질 수 있는데 괜찮아?"

그래도 괜찮다고 하면 입혀 보내기 아까워도 그 결정을 받아들여주는 것입니다.

결과적으로, '역시 이 옷은 노는 데 불편해!' '더럽히고 싶지 않다!'는 것을 아이 스스로 깨닫고 다른 옷을 선택하는 것도 궤도수정이라는 좋은 경험이 될 수 있습니다.

힌트를 주고,
나머지는 '스스로 생각하게끔'

7세 반 아이들과 크리스마스 파티에서 부를 노래 연습을 할 때였습니다. 한 아이가 지휘하는 제 모습을 따라하면서 아이들이 키득거리며 분위기가 어수선해졌습니다.

그럴 때 제가 이렇게 물었습니다.

"지금 어떻게 하는 게 좋을까? 네가 생각해줄래?"

물론 그것만으로는 불친절하지요. 그래서 좀 더 확실한 설명을 더해주었습니다.

"지휘는, 사람들이 그걸 보고 리듬과 빠르기, 강약을 맞추기 위해서 하는 거야. 그런데 지휘자가 두 명 있으면 누구를 보고 따라야 하는지 헷갈리지 않을까?"

그 힌트를 듣고 어떻게 하는 것이 좋을지 스스로 생각하게 하는 것입니다. 아이는 고개를 갸웃하더니 "노래 할래요" 하고 결정해주었습니다. 언제나 이 과정은 끊임없이 반복됩니다. 하지만 아이에게는 중요한 순간일 수 있습니다.

몬테소리 교육의 중요 이념이기도 한데 아이는 자유의지를 가진 인격체로 자신의 잠재력을 실현하기 위해서는 하나의 독립된 인격체로 존중되어야 합니다. 아이는 어른과 동등한 개념으로 일방적인 지시를 따르는 것이 아니라 자신의 행동을 결정하고 선택할 수 있어야 하는 것이지요.

이 과정이 반복되면 아이는 자신의 선택에 대해 주체적으로 생각의 틀을 형성하고 책임감도 가지게 됩니다. 그러면서 아이의 생각 그릇이 커지는 것이지요. 어른은 이때 약간의 힌트만 제공합니다. 단순해 보이지만 익숙하지 않으면 어려운 일일 수 있습니다. 아이는 부모의 생각 너머로 자신의 힘을 키워갑니다. 그 힘을 북돋워주세요.

자유롭게 살기 위해서는 생각하는 힘이 필요하다

아무 생각도 안 하거나 들은 것을 그대로 믿어버리는 것은 자유롭게 사는 데 벽이 될 수 있습니다. 그래서 저는 항상 아이들에게 "스스로 생각하세요" 하고 말합니다.

어른이 보기에 아이는, 제발 하지 말아주었으면 하는 행동만 합니다. 그러나 이때 일방적으로 "하지 마!" 하고 억압하면 생각할 기회를 빼앗는 것과 같습니다. '부모가 하지 말라고 해서' 그만둔 게 되어버리니까요.

그래서 자신의 힘으로 생각하고, 어떻게 할지 스스로 결정하게 합니다. 마찬가지로, 지나치게 앞질러 가는 것도 아이가 생각할 기회를 빼앗는 요인이 됩니다.

"저런, 위험해!"

"다음은 이거 해!"

"안 돼. 그거 하지 마!"

아마 비슷한 경험이 많을 것입니다. 그렇다면 이런 말이 목구멍까지 올라와도 꾹 참고 지켜보기로 합시다.

아이가 넘어질 뻔하면 그때 비로소 알았다는 얼굴로 "이렇게 하면 되겠지?" "도와줄까?" 하고 제안하면 됩니다.

머리로만 경험한 것보다 직접 몸으로 부딪히고 느끼는 경험의 파동이 훨씬 크지요. 어른도 직접 경험한 몸의 감각은 쉽게 잊지 못하니까요. 머리로 아는 것은 쉽게 휘발됩니다. 아이에게 잘 각인이 되지도 않고요. 어른의 우려는 잠시 내려놓고 아이가 세상을 만끽할 수 있도록 기회를 주는 것은 어떨까 합니다.

자신을
이해할 수 있는 아이로 키운다

'자신에 대해서 생각한다.'

아이를 키울 때 거의 할 수 없는 말이기도 한데, 저는 매우 중요하다고 생각합니다. 자신의 마음과 신체를 이해하고 건강하게 살기 위해서 절대적으로 필요하기 때문입니다.

우리 어린이집에서는 '자신에 대해 생각할 기회'를 만들기 위해 4세 이상은 자율배식으로 급식을 합니다. 무엇을 얼마나 먹고 싶은지 스스로 생각하게 하는 것이지요. 자율배식은 아이가 자신을 알기 위한 연습이기도 합니다.

부모들은 "선생님, 우리 아이는 자율배식 경험이 없어요. 제대로 골라 먹을 수 있을지 모르겠어요." 이렇게 걱정스러운 마음을 이야기합니다. 누구나 처음에는 서툴기 마련입니다. 접시에 너무 많이 담아 전부 먹지 못하는 아이도 있고, 한 종류만 듬뿍 담는 아이도 있고, 워낙 먹는 양이 적어서 거의 안 먹는 아이도 있습니다.

그러나 그런 때도 이래라 저래라 지시하지 않습니다.

"오늘은 양이 너무 많네."

"많이 먹고 싶었구나. 그런데 다른 친구가 먹을 게 없지 않을까?"

"조금씩 골고루 먹으면 낮에도 신나게 놀 수 있어."

이렇게 말해주면 아이들은 차츰 양과 종류를 조절할 수 있게 됩니다.

보통, 급식은 정해진 메뉴를 정해진 양만큼 제공합니다. 그렇게 하면 영양도 균형적으로 섭취할 수 있으니까 나름 일리가 있습니다.

그런데 우리는 왜 자율배식을 하는 걸까요?

우선, 식사시간은 강제적으로 행하는 일이 아닌 즐거운 시간이 되어야 하기 때문입니다. 그리고 아이에게는 자신의 일을 스스로 결정하는 힘이 있다고 믿기 때문입니다.

어른도 빵 하나로 충분한 날도 있고 배가 고파 양껏 먹고 싶은 날도 있습니다. 저마다 음식에 대한 취향도 다를 것입니다.

아이도 마찬가지입니다. 매일 친구들과 똑같은 음식을 똑같은 양만 먹는 것을 당연하다고 여기는 것은 조금 생각해볼 문제라고 보았습니다.

저 역시 예전에는 이전의 방식으로 아이들을 돌봤던 위험한 보육교사였습니다. 밥을 늦게 먹는 아이를 재촉하고, 낮잠시간이 되어 다른 아이들은 자리에 누워도 끝까지 밥을 먹게 했습니다. 남은 한 숟가락까지 아이 입에 들어가야 낮잠을 재웠습니다. 지금 생각하면 질식 위험도 있는데 어떻게 그랬는지 무섭기까지 합니다.

'먹지 않으면 안 된다'는 생각에 매몰된 것입니다. 그 아이를 위해 최선을 다했지만 아이로서는 '먹는 것'이 고통스러운 경험이 되었을지도 모릅니다. 어린이집 자체에 나쁜 기억을 가졌을 수도 있습니다. 돌아보니 아이에게 미안할 따름입니다.

"억지로 먹이면 영양은 섭취할 수 있지만 식사에는 그보다 더 중요한 것이 있을 거예요."

원장의 이런 생각으로 우리 어린이집은 다른 선택을 하게 됩니다.

처음에는 '그래도 영양이 우선이다' '보육 상식으로는 있을 수 없는 일'이라고 생각했습니다. 그러나 자율배식을 시작하고 아이들의 표정을 보면 어느 쪽이 아이에게 행복한 일인지 한눈에 알 수 있었습니다.

엄마, 아빠도 밥 먹을 시간이 됐으니까 별 생각 없이 식사를 하고 있는 건 아닐까요? 정말 배가 고픈지, 먹을 필요가 있는지, 무엇이 먹고 싶은지 다시 생각해보면 어떨까요? '자신의 내면에 귀 기울이지 않았다'고 깨달을 수 있을지도 모릅니다.

식욕만이 아닙니다. 오늘 컨디션은 어떤가, 마음의 상태는 어떤가, 기분은 어떤가, 무리하고 있지는 않나, 돌아볼 수 있습니다.

자신을 바라보는 습관이 없으면 몸과 마음의 소리를 들을 수 없습니다. 아이에게는 일찍부터 그런 습관을 갖게 해주고 싶습니다.

스스로 결정하는 힘이 문제해결능력을 갖게 한다

점심식사와 관련된 에피소드를 하나 더 소개해보기로 하겠습니다.

우리 어린이집에서는 아이가 놀이에 집중하거나 배가 고프지 않아서 "지금은 먹고 싶지 않다"고 하면 점심은 걸러도 됩니다. "점심시간인데 어떻게 할래?" 이렇게 보육교사가 물어보지만 결정은 아이 스스로 하게 합니다.

단, '먹지 않는다'고 해도 정말 먹지 않으면 당연히 나중에 배가 고픕니다. 아이가 "선생님, 밥 먹고 싶어요" 하고 이야기하면 "그래, 아까는 아니었지만 역시 배고프잖아." 그렇게 말하면서 아이와 먹을 것을 찾으러 갑니다.

만일 반의 자율배식 접시에 아직 음식이 남아 있으면 "어서 먹어" 하고 챙겨줍니다.

음식이 없으면 "맛있어서 다른 친구들이 다 먹어버렸네, 어쩌지. 옆 반에 가볼까?" 하며 옆 반에 가보고, 그곳에도 없으면 "급식 선생님한테 가보자" 하고 아이와 함께 갑니다. 그런데 급식실에도 없으면 "없네, 친구들이 다 먹어버렸어" 하고 끝입니다. 운이 좋으면 먹을 수 있지만 자신의 선택에 책임질 수밖에 없습니다.

하지만 아이는 영리합니다. '먹지 않는다'고 하는 대신 '덜어두라'고 말하는 것이죠. "선생님, 제 밥은 덜어두세요! 나중에 먹을래요!"라고요.

그러나 그렇게 하면 또 다른 문제가 생깁니다. 그 아이가 먹지 않으면 더 먹고 싶은 아이가 "선생님, 저기 남은 거 먹고 싶어요!" 하고 주장하기 시작하는 것이지요. 또 음식을 덜어두면 위생적인 면에서도 염려가 됩니다.

그래서 아이들과 규칙을 정하기로 했습니다.

"급식시간에 먹고 싶지 않아서 음식을 덜어두었으면 할 때가 있을 거예요. 하지만 먹을지 안 먹을지 정확히 모르면 더 먹고 싶은 친구가 먹지 못하니까 안타깝고, 또 계속 음식을 놔두면 쉬어서 위험할 수 있어요. 어떻게 할까요?"

각자 의견을 낸 결과, '덜어두는 시간을 정하자'로 뜻이 모아졌습니다. 시계의 긴 바늘이 3에 갈 때까지(13시 15분까지)는 덜어두지만 3이 지나면 먹고 싶은 아이에게 주기로 했습니다.

그 규칙을 만든 것은 아이들 '모두', 즉 '자신'이었습니다.

그래서 아이들은 규칙을 잘 지킵니다. 밥을 먹고 싶으면 13시 15분 전에 돌아오고, 놀이에 열중해 시간이 지나면 다른 아이가 먹어도 불평하지 않습니다. 그런 때는 배가 고프니까 다음에는 같은 실수를 하지 않게 신중해집니다.

이런 식으로 무언가를 결정할 때 보육교사가 일방적으로 규칙을 강요하는 경우는 없습니다. 같이 생각하고 토론해서 납득할 수 있는 규칙을 만드는 것이지요. 때로는 주제 자체도 아이들이 먼저 말하고 싸움도 아이들끼리 중재를 합니다.

어쩌면 이렇게 민주주의의 기초가 만들어진 것이 아닐까 싶습니다. 감사하게도 '오마타 유아생활단 아이들은 문제해결 능력이 높다'는 평가를 받는 것은 이런 보육 방식 덕분입니다.

가정에서도 부모가 정한 규칙을 아이에게 강요하기보다 아이와 같이 규칙을 정해보는 것은 어떨까요. 반발심이 강한 고집쟁이도 '자신이 생각해서 정했다'는 의식이 싹트면 자랑스럽게 규칙을 지켜줄 것입니다. 그동안의 경험이 그런 믿음을 갖게 하네요.

몬테소리 교육의 핵심이 되는 문장은 "나 스스로 할 수 있도록 나를 도와주세요"입니다. 선택과 활동의 주체는 아이이고, 어른은 옆에서 도움을 주는 것이지요. 아이는 스스로 입을 옷을 고르고 혼자서 옷을 갈아입고 목이 마르면 직접 물을 따라 마십니다. 넘어지면 스스로 일어나고 음식을 먹다가 떨어뜨리면 휴지를 가져와 정리합니다. 문제가 생겼을 때 어른이 나서서 도와주는 것이 아니라 스스로 어떻게 하면 좋을지 고민합니다.

어쩌면 아이들은 느리게 자랄 수 있습니다. 그만큼 시간이 걸리는 일입니다. 하지만 이후의 가속력은 저희도 놀랄 정도입니다. 아이가 직접 '습관과 규칙'을 정함으로써 삶의 자기주도력을 높일 수 있도록 함께 고민해보았으면 합니다.

아이는 기회만 있으면 저절로 배운다

"개인 장난감 가져와도 됩니다."

일반 어린이집이라면 있을 수 없는, 이것도 특이하다고 사람들이 놀라는 점입니다.

우리는 '부모가 돈을 냈어도 아이에게 사준 순간 그 아이의 것이 된다'고 생각합니다. 그래서 장난감을 집에 두든 어린이집에 가져오든 친구에게 주든 물건의 주인인 아이의 자유이고 아이의 선택에 맡깁니다.

이것 역시 원장의 제안이었습니다. 처음에는 '장난감 반입은 말도 안 된다!'고 생각했습니다. 그런 어린이집은 들어본 적이 없기 때문이었습니다. 행여 문제가 되지 않을까 불안하기도 했습니다.

그런 제게 원장은 이렇게 말했습니다.

"물론 '고장 나거나 없어질 수 있는데 괜찮냐'고 말해줄 거예요. 그런 우려 사항을 알려준 다음에 결정하는 것은 아이 자유입니다."

듣고 보니 맞는 말이기는 했습니다. 이렇게 절반은 설득당해 시작한 장난감 반입이었습니다. '장려하지는 않지만 금지하지 않는다'는 규칙이었는데 실제로 처음에는 문제가 많았습니다.

"집에 있는 장난감을 가져와도 돼요" 하고 전달하자마자 의기양양하게 고가의 장난감을 갖고 온 아이가 있었습니다. '고장이라도 나면 어쩌지' 당황했는데 그 장난감을 본 아이들마다 "나도 놀고 싶다!"고 흥분했습니다. 그러나 혼자 갖고 노는 장난감이라 수습이 되지 않아서 그날은 창고에 넣어두었습니다. 하루는 버텼는데 그다음은 어떻게 될지 걱정이 되었습니다.

얼마간은 어려웠습니다. 걱정의 연속이었지요. 그렇게 한동안 왁자지껄 북새통이었는데 아이는 정말 놀라운 존재라는 것을 다시 한번 느꼈습니다.

차츰 장난감으로 친구와 재미있게 노는 방법을 배운 것입니다. 여럿이 놀 수 있는 장난감을 가져오거나 똑같은 장난감이 있는 친구끼리 미리 약속해서 가져옵니다. 가만히 지켜보니, 협상도 하고 사교에 사용하는 아이도 있었습니다.

한 아이는 "그런 좋은 장난감을 시시한 장난감과 바꿨다"고 잔뜩 풀이 죽었다며 아이의 어머니가 말해주기도 했습니다.

"손해 봤어, 다시는 어린이집에 안 갖고 갈 거야."

그 이야기를 듣고 역시, 하고 감탄했습니다. 아이는 억울하겠지만 소중한 물건을 어떻게 다뤄야 하는지, 물건의 가치와 교환이란 무엇인지를 배웠을 것이기 때문입니다.

기회를 만들면 아이는 스스로 배웁니다.

장난감 반입은 처음에는 문제도 있었지만, 거기에는 '장난감 반입 금지'로는 깨달을 수 없는 배움이 있었습니다.

'보호'와 '교육'의 균형을 생각한다

앞서도 말했는데 '보육'이란 말에는 '돌보기'와 '가르치기'의 의미가 담겨 있습니다. 연령이 낮은 아이일수록 '보호'의 비율이 크고, 성장할수록 '교육'의 비율이 커지게 됩니다.

단, 몇 살이 되든 보호의 요소가 없어지는 것은 아닙니다. 소중한 생명을 지키는 것은 절대적으로 필요한 일입니다. 돌이킬 수 없는 부상을 입게 해선 안 되지요.

그런데 어려운 것이, '보호'를 중시하면 '교육'이 소홀해집니다. 무슨 일이 있어도 상처 하나 생기게 할 수 없다는 생각이 앞서면 '아무것도 시키지 않는다'가 정답이 되어버리기 때문입니다. 물론 그것은 좋은 보육이 아닙니다.

그럼 보호와 교육을 양립할 수 있는 방법은 무엇일까요? 어떻게 해야 아이를 잘 돌보면서 성장시킬 수 있을까요?

그런 고민 끝에 생겨난 것이 아이들과 같이 '안전 규칙'을 정하는 것이었습니다.

가령, 예전에는 '마리아 언덕'이라고 부르는, 어린이집 마당의 꼭대기에는 아이들끼리 가는 것을 금지했습니다. 어른의 눈이 미치지 않고 길도 없는 곳이 있어 위험하다고 판단했기 때문입니다.

그러나 그것은 아이를 지키는 '보호'일뿐, 성장시키는 '교육'은 아닙니다. 그래서 아이도 갈 수 있도록 규칙을 정하기로 했습니다.

먼저, 가장 큰 7세 아이들과 보육교사가 마리아 언덕으로 가는 길을 같이 걸으며 하나씩 규칙을 만들었습니다.

"앗, 저 나무는 가늘어서 올라가면 위험해."

"여기부터는 벌이 나올 것 같아."

손가락으로 가리켜 직접 확인하면서 지도에 적습니다. 기본 규칙도 아이들이 정했습니다.

- 마리아 언덕에는 혼자 가지 않는다.

- 마리아 언덕에 갈 때는 반드시 선생님에게 “다녀오겠습니다” 하고 알린다.
- 마리아 언덕에서 돌아오면 “다녀왔습니다” 하고 말한다.

이렇게 정한 규칙을 오후 3시 반, 간식시간 후에 있는 ‘작별 인사 모임’에서 발표하고 아이들 전원이 약속을 지키기로 했습니다. 그 후 약속에 대해 쓴 지도는 지금까지 방에 붙어 있습니다.

물론 큰 사고로 이어질 수 있는 요소는 미리 철저히 제거합니다. 삼킴 사고로 이어질 수 있는 것(아이 목에 걸릴 만한 작은 물건이나 건전지, 단추 등)은 아예 어린이집 내에 두지 않습니다. 다른 어린이집에서 경첩이 달린 문에 아이의 손가락이 크게 다치는 사고가 일어났기 때문에 어린이집의 문을 전부 미닫이로 바꿨습니다(딱 한 곳, 앞뒤로 여닫는 문은 손가락이 끼지 않도록 틈을 만들었습니다). 그네도 앉는 부분을 안전한 비닐 소재로 바꿔서 부딪쳐도 머리가 다치지 않도록 조치했습니다.

‘이것은 반드시 조심해야 한다’는 안전은 철저히 지킵니다. 그러나 너무 앞서서 아이가 배울 기회를 빼앗지 않도록 주의합니다.

솔직히 보육교사로서는 '전부 금지'하는 것이 편합니다. 그러나 이것도 안 되고 저것도 안 된다고 금지하면 아이에게는 재미와 흥미가 없어지지요. 직접 경험하는 것의 중요성을 알기에 조금 더 신경 쓰고 손이 가더라도 너무 많은 제약을 두지 않으려고 합니다.

안전에 대해 어떻게 '보호와 교육'을 양립할 수 있을지 고민하는 것도 즐거운 일입니다. 가정에서도 꼭 함께 생각해보았으면 합니다.

유아기의 감각적 경험은 평생 영향을 미치는데 세월이 지나 나이를 먹어도 유아기에 흡수한 감각적 기억은 또렷하게 남아 있다고 합니다.

저 역시 90여 년 전의 무용 경험이 아직도 생각이 나는 것을 보니, 놀랍기만 합니다. 유아기에 만지고, 맛보고, 냄새 맡는 등의 탐색은 아이에게는 매우 중요한 활동으로, 다양한 감각적 체험을 하는 것이 필요합니다.

집에서도 아주 위험한 것들은 애초에 철저히 배제시키지만 요리에 관심 많은 아이가 간단한 재료 손질을 할 수 있도록 아이용 도구를 준비해 직접 준비할 수 있게 한다든지, 간단한 공구 활용을 할 수 있도록 기회를 줍니다.

직접 해보지 않고는 그 느낌을 알 수가 없으니 큰 틀의 안전 장치를 두되, 활동의 제약은 최소한으로 해두었으면 합니다.

경험하지 않으면
아무것도 할 수 없다

위험한 것, 더러운 것, 깨지는 것.

주위에는 아이가 만지지 말아야 할 것들이 많습니다. 그런데 아이들은 그런 것들에 대해 어른의 걱정은 아랑곳하지 않고 끊임없이 흥미를 갖습니다. 손이 닿지 않는 곳에 두거나 어딨는지 얼버무리거나 아예 놀이를 금지시키는 등, 부모는 여러 방법을 궁리합니다.

그러나 우리 어린이집은 부모가 '만지지 않았으면 좋겠다'고 생각하는 것도 가능한 감추지 않습니다. 어린이집에 견학 온 사람은 그런 점 때문에 놀라움을 표시합니다.

예를 들면, 2~3세 아이들이 식사하는 테이블 위에 꽃을 장식하는데 “이런 곳에 꽃병을 둬도 돼요? 넘어뜨리지 않아요?” 하고 물어보곤 합니다.

물론 어린이집에 갓 다니기 시작한 아이는 꽃병에서 꽃을 빼거나 꽃병을 넘어뜨립니다. 그럴 때마다 보육교사는 “꽃이 예뻐서 장식하는 거야” “꽃병을 넘어뜨리면 옷이 젖어서 차가워” 하고 뒷정리를 합니다.

그럼 아이들은 차츰 ‘꽃은 꽃병에 꽂아두는 거다’ ‘꽃병을 넘어뜨리면 옷이 젖고 선생님도 정리하느라 힘들다’고 함부로 만지지 않습니다.

그 외에도 우리 어린이집을 방문한 사람들은 ‘아이들을 마음껏 경험시키기’에 많이 놀라워합니다.

모든 아이들이 좋아하는, 콘크리트로 만들어진 비탈길을 네발 자전거로 날쌔게 미끄러져 내려오는 놀이는 “저런 건 위험해서 못 시키지 않나요?” 하고 물어봅니다. 정글짐과 그네도 차츰 철거되고 있는 만큼 우리 아이들이 자연스럽게 노는 모습을 보고 ‘믿을 수 없다’는 표정으로 쳐다봅니다. 또 도자기 식기를 사용하는 것을 보고도 “어린아이들이 다루기 어렵지 않나요?” 묻습니다.

저는 그때마다 “아이에게 경험이 되고, 아이 스스로 잘 판단하고 생각하니까요" 하고 대답합니다. 도자기 접시를 사용하는 것은 진짜 촉감을 접하게 해주고 싶고, '떨어지면 깨진다'는 것을 이해시키고 싶어서지요.

'다음부터 조심하자' '어떻게 해야 깨지지 않을까' 아이 스스로 생각하고 시도하게 합니다. 만지지 않았으면 하는 것들을 처음부터 보이지 않게 숨겨버리면 '생각하는 연습'을 할 수 없기 때문입니다.

또, 어린이집의 원사는 아이들의 '낮잠의 집'이 되기를 바라기 때문에(아이들에게 집만큼 마음 편한 장소는 없으니까요) 다다미를 깔고 장지문을 달았습니다. 이것도 아이가 있다고 해서 특별한 보강은 하지 않습니다.

그래서 어린이집에 막 다니기 시작한 아이가 장지문을 보고 호기심에 손가락으로 뻑뻑 구멍을 뚫는데, 그때마다 아이와 같이 보육교사가 장지를 새로 바릅니다.

그 모습을 보는 것으로 '내가 찢은 장지를 선생님이 새로 바른다, 힘든 과정이다, 다시는 하지 말자'고 배우거나 다른 아이가 "선생님 힘드시니까 그렇게 하면 안 된다"고 말합니다.

'이것도 안 되고 저것도 못 하게 하자'로는 아이가 아무 경험도 할 수 없습니다.

경험하지 않으면 생각할 수 없습니다.

그리고 생각하지 않으면 아이는 성장하지 않습니다.

그래서 저는 늘 '어떻게 할까'를 고민합니다.

'저건 뭘까' '이렇게 하면 어떨까' '실패했다' '다음에는 이렇게 하자.'

그런 호기심과 의욕을 아이에게 키워주고 싶습니다.

아이들은 경험을 통해 성장합니다. 경험하지 못하면 세계와 사물 안의 참맛을 알지 못합니다. 아이가 가진 역량을 우리는 쉽게 지나치고는 합니다.

때로는 아이가 가진 세계가 제가 겪은 한 세기의 세계보다 깊은 것을 보고 감탄하고는 합니다. 천진한 눈으로 세계의 이치를 꿰뚫어봅니다. 때로는 우주의 신비라고 느끼지요. 아이들은 저 세계를 간직하고 이 땅에 왔구나, 하고 감동합니다.

아이의 경험을 미리 차단해버리는 것은 어른의 자만일 수 있습니다. 아이가 경험해야 하는 세상을 존중해주세요.

아직도 저는 하루하루가 배움입니다. 여전히 아이들에게 많은 배움을 얻습니다. 가장 귀하고 소중한 저의 스승입니다.

Part 2

아들러 심리학
‘존중 속에서 아이는 크게 성장한다’

아이의 '문제 행동'에도 긍정적인 면을 받아들인다

아들러 심리학은 몬테소리 교육 이념과 더불어 우리 어린이집을 이끌어가는 기본 철학이 되었습니다. 아들러 심리학을 적용하고 나서 좋은 점은 "실수해도, 좀 어긋나고 망가져도 괜찮아. 중요한 것은 그럼 다음에는 어떻게 하면 잘될까?"라는 질문을 부모와 아이에게 심어줄 수 있게 된 것입니다. 인생을 살아가면서 누구나 과정을 겪습니다. 과정 없이 결과만 존재하는 일은 없습니다. 과정을 존중하는 마음이 '스스로 생각하고 성장하는 아이'의 기틀을 마련할 수 있다고 생각합니다.

아이는 아무것도 할 수 없는 '갓난아기'에 머물러 있지 않습니다. 자고, 울고, 젖을 먹는 것밖에 하지 못했던, 몸무게 3킬로그램 정도의 갓난아기가 배밀이를 하고, 엉금엉금 기고, 주위 물건을 잡고 일어서고 걷고, 그런 과정을 거쳐 자신의 세계를 넓혀갑니다.

웃고, 재잘거리고, 소통합니다. 손놀림이 능숙해져서 자기 일은 스스로 할 수 있게 되고, 차츰 자립합니다. 그러다 어느새 품 안에 들어갈 수 없을 만큼 커버립니다.

이렇게 보면 인간은 정말 대단한 존재라고 생각됩니다. 믿을 수 없을 만큼 성장하며 쑥쑥 자라니까요.

아이들이 커가는 모습을 볼 때마다 보육교사로서도 뿌듯하고 행복합니다. 그러나 엄마, 아빠가 직면하는 것은 이런 '좋은 성장'만은 아닙니다.

버릇이 없다, 못된 장난을 친다, 친구를 때린다, 말대꾸한다, 반항한다, 거짓말 한다…….

이렇듯 아이는 많은 '문제 행동'을 보이기도 합니다.

'어제까지 안 그랬는데!' 하는 경우도 있습니다. 아이에게 화를 내며 실망하고, 고민하고, 걱정합니다. 아이가 클 때까지 부모는 수없이 마음을 졸입니다. 정말 고생이 많지요.

'애가 어떻게 되려고 이러나? 제대로 잘 클 수 있을까?' 덜

컥 걱정이 앞섭니다. 그런 엄마, 아빠에게 수많은 아이들을 돌봤던 제가 하고 싶은 말이 있습니다.

아이의 문제 행동을 우선은 긍정적으로 인식해보자는 것입니다.

가령, 3세 아이는 친구에게 물리는 경우가 있습니다. 단체 생활을 하다 보면 연중행사처럼 생기는 일입니다. 어린아이 사이에는 어쩔 수 없이 일어나는 일이기도 합니다. 저는 입학식에서 매번 "미안합니다. 신경써서 조심하겠지만 아이들끼리 물고 물리는 사고가 일어날 수 있습니다" 하고 미리 이야기를 합니다.

아이들은 감정을 제대로 통제할 수 없을 때, 말을 자유자재로 할 수 없을 때, 그런 자신의 기분을 나타내는 방법으로 입이 먼저 나갑니다. 특히 장난감 쟁탈전에서 일어나기 쉬운 사고이기도 합니다(물론 아이가 그럴 때 "어쩔 수 없다"는 말로 끝낼 수는 없습니다. 이렇게 깨무는 행동을 하면 어떻게 해야 하는지 정확히 알려줍니다).

친구를 깨문 아이의 부모는 신경이 쓰일 수밖에 없겠지요. '내 아이가 폭력적일까, 공격적일까' 하고 불안에 사로잡히게 됩니다. 자녀가 가해자가 되는 두려움은 이해합니다. 아이에 대한 부정적인 생각으로 수많은 걱정이 덮쳐오는 것도 충분히 이해하고요.

그러나 어쩌면 '깨무는 것'도 아이가 성장하는 증거라고 볼 수 있습니다. 그러니 안심하세요. 오히려 아이가 '의사를 표현했다'고 생각할 수도 있습니다. '장난감을 빼앗기고 싶지 않다'는 기분도 아이가 성장했기 때문에 싹트는 것이니까요.

아이의 '문제 행동'은 성장의 궤적입니다. 치아가 없는 갓난아기는 사람을 깨물 수 없습니다. 안정적으로 걷지 못하면 손으로 때릴 수도 없습니다. 말을 잘 못하는 아이는 거짓말하는 일도 없습니다.

그러니 아이가 예상과 다른 행동을 보이며 문제 행동을 하면 우선은 '아, 이런 행동을 할 만큼 컸구나' 받아들입니다. '죽을 만큼 큰일이 벌어진 것은 아니다' '괜찮다'는 긍정적인 마음가짐으로 이 상황을 받아들이고 아이를 대해야 합니다.

엄마, 아빠도 아이의 '문제 행동'에 직면하면 일단 '괜찮다'고 마음먹습니다. 그리고 '다음에는 어떤 행동을 할까' 생각해봅니다. 성장 과정이니 긍정적인 마음으로 아이를 키우는 자세가 늘 필요합니다.

문제에만 머물러 있으면 해결될 것이 없습니다. 우선 아이의 욕구와 성장을 인정하고 다음은 어떻게 할 것인가를 생각해보도록 합니다. 아들러는 아이를 '이러한 아이'라고 단정 짓는 것을 경계해야 된다고 했습니다. 저는 부모님들과 상담을 많이 하는데 아이를 과격한 아이, 공격적인 아이, 문제 아이라고 결론내리는 경우를 많이 보았습니다. 하지만 아이들은 정말 수없이 변합니다. 체격도 성격도 그 변화를 종잡을 수 없습니다.

그 변화를 유연하게 받아들이고 아이의 돌발 행동도 긍정적으로 볼 수 있는 부모의 마음 근력이 필요합니다.

'아이는 어른과 대등한 존재'라는 마음으로 아이를 존중해준다

"자, 시간 됐어, 정리해!"

우리 어린이집에서는 이런 말은 일절 들을 수 없습니다. 왜냐면 "~해"는 명령하는 어투이기 때문입니다. 어른에게 쓰지 않는 말은 아이에게도 쓰지 않습니다.

이것은 아들러 심리학의 기본 생각인데 아이에게도 인격이 있다고 보는 것입니다. 아이는 어른에 비해 몸이 작고 아직 경험과 능력이 부족해 할 수 없는 것이 많을 뿐입니다. 결코 어른보다 부족한 존재는 아닙니다. 그래서 아이를 한 사람의 대등한 인간으로 대하는 것입니다.

가령, 어떤 행동을 시키고 싶을 때는 말의 어미를 "~해주지 않을래?" "~해주면 좋겠는데" 하는 식으로 표현합니다. 명령이 아니라 청하는 것이지요.

이건 직장에서 누군가에게 부탁할 때도 마찬가지입니다. 할지 말지 상대가 생각해서 결정할 여지를 남기는 것입니다. 이것이 요령입니다.

보육교사도 모두 당연하게 "물뿌리개 빌려주지 않을래?" "옷 갈아입어줬으면 좋겠는데" 하고 아이에게 말하게 됩니다.

'우리 아이는 떼쟁이라 그렇게 말하면 들어줄까?' 그렇게 생각할 수도 있지만, 말을 들어줄지 말지 결정하는 것은 아이 본인입니다. 어디까지나 청하는 것이니까요.

같은 이유로, 우리 어린이집에는 당번이 없습니다. 당번은 한 마디로, '강제'이고 '명령'에 의한 것이니까요. 그래서 급식 당번, 청소 당번, 사육 당번도 없습니다. 당번이 없어서 문제된 적은 한 번도 없습니다.

어떤 '일'이 발생하면 그때마다 보육교사가 "누가 도와줄래요?" 하고 물어봅니다. 그럼 어김없이 누군가가 "네! 제가 할게요" 하고 씩씩하게 손을 들어줍니다(내키지 않는 아이는 조용히 자신이 하고 싶은 것을 합니다). 이런 일이 일상화되면 한 명의 아이뿐만 아니라 원의 모든 아이들이 자발적으로 움직입니다. 어른에게는 일이지만 아이에게는 놀이의 하나이기 때문입니다. 또 아이는 "고맙다"고 감사의 인사를 받는 것을 좋아합니다.

그런데 반대로, "하고 싶어요!" "제가 할래요!" 하고 서로 하겠다는 아이가 너무 많아 수습이 되지 않는 일이 있어서 그것만큼은 당번을 정합니다. 바로 '오렌지 당번'입니다. 오렌지는 과일이 아니라, 4세 반의 명칭입니다.

우리 어린이집은 5~7세가 같이 지내는 혼합보육을 합니다. 5세 아이들은 큰 아이들을 보며 자랍니다. 그리고 6세는 스스로 알아서 합니다. 7세는 동생들을 돌봐줍니다.

원을 운영하다 보면 이 7세 아이들이 큰 의지가 됩니다. 보육교사가 딱히 말하지 않아도 새로 들어온 5세 아이에게 어떻게 판단하고, 함께 놀고, 친구들과 소통하는지, 또 어떻게 도감을 읽는지 전부 가르쳐주는 것을 봅니다. 모두 7세 아이들을 보고 흉내 내며 성장하기 때문에 보육교사는 매해 "우리는 할 일이 없다"고 말하곤 합니다.

혼합보육에 들어가기 전인 4세 반(오렌지반)은 다른 건물에서 생활하는데, 2월이 되면 졸업을 앞둔 7세 아이들이 얼굴을 익히기 위해 오렌지반의 일을 도와주러 가는 시간이 있습니다.

이때 평소처럼 "누가, 오렌지반의 일을 도와주지 않을래요?" 하고 물으면 전원이 "저요! 저요!" 하고 손을 듭니다. 모두 어린 동생들을 돌봐주고 싶은 마음이 있기 때문입니다.

매번 전원이 손을 들어 "누가 할 것인지"를 묻는 것이 의미가 없기 때문에 '오렌지 당번'만큼은 이름 순으로 돌아가면서 맡기로 아이들과 정했습니다. 보육교사와 아이, 당신과 아이, 모두 대등한 인간인 것이지요.

명령하고 강요하고, 듣지 않으면 화를 낸다면 그것은 아이 입장에서는 억지일 뿐입니다. 아이는 '뭐야, 어른 멋대로잖아'라고 생각할 수 있습니다. '뭐야, 내 뜻과 상관없이 자기 멋대로구나'라고 생각되는 것은 역시 아이에게도 하지 않는 것이 좋습니다. 아이도 똑같은 마음을 느끼기 때문입니다. 아이는 어른보다 불완전한 존재가 아니라 어른과 똑같이 느끼고 사고하는 동등한 인격의 존재입니다.

"착하다" "잘했다"고
평가하지 않는다

스스로 옷을 갈아입었다, 솔선해서 정리해주었다, 복잡한 플라스틱 레일을 조립했다…….

우리는 보통 아이가 그런 '착한 행동'을 하면 "잘했다" "착하다!"고 칭찬합니다. '칭찬하는 육아'라는 말도 있듯이 많은 사람이 부모가 자녀를 칭찬하는 것에 대해 당연하고 바람직한 태도라고 여깁니다.

하지만 그것들은 '평가'입니다. 즉, 윗사람이 아랫사람을 판정하는 말인 것이지요.

저는 90세가 넘었지만 3세 아이와도 대등하다고 생각합니다. 아들러의 말대로 사람과 사람 사이에는 상하관계가 없습니다. 그래서 아이에게도 평가하는 말은 하지 않고 아이의 행동에 따른 자신의 기분을 기준으로 대합니다.

가령, 함께 놀고 싶어 하는 친구에게 장난감을 양보했으면, "친절하게 친구를 대해주네. 그 모습을 보니 선생님, 정말 기뻐요"라고 말하는 것입니다.

주의를 줄 때도 마찬가지입니다. 바닥에 음식을 떨어뜨리면, "급식 선생님이 힘들게 만들어주신 음식을 떨어뜨렸네. 선생님, 슬퍼요" 하고 나의 기분을 전달합니다. "그렇게 떼쓰면 안 돼! 그건 나쁜 아이가 하는 행동이야!" 하는 식의 '평가'는 절대 하지 않습니다.

직접 해보면 실감할 텐데, '칭찬하지 않는 것'이 훨씬 어렵습니다. "대단하다!" "잘했다!"는 칭찬의 말은 긴장을 늦추면 바로 입에서 튀어나옵니다.

또, 칭찬을 받으면 아이는 기분이 좋아 같은 행동을 하게 됩니다. 그래서 저도 예전에는 '칭찬이 왜 나쁘지?' 의아했습니다. 그러나 칭찬에는 큰 함정이 있다는 것을 깨닫고 생각을 바꿨습니다.

바로, 칭찬받는 것이 행동의 목적이 되어버린다는 함정인 것이지요. 항상 솔선해 방 청소를 돕는 아이에게 '착한 아이'

라고 칭찬하면 어쩌다 칭찬하지 않았을 때 "선생님, 나 착한 아이죠?" 하고 칭찬을 '요구'하게 됩니다.

칭찬에 익숙한 아이는 복도에 종이가 떨어져 있을 때 주위에 보는 사람(칭찬해줄 사람)이 있나 없나로 주울지 말지를 결정합니다. 부모의 평가에만 신경 쓰고 집중해 일희일비합니다. 자신의 자발적인 의사보다 주위의 칭찬과 평가를 우선해 진로와 직업을 선택할 가능성도 있습니다. 타인의 평가만 의식해 행동하는 것은 어떤 의미에서 '부자유'한 인생을 살게 되는 것입니다.

청소를 예로 들면, 저는 "모두가 함께 생활하는 곳을 깨끗하게 해줘서 선생님이 정말 기뻐요" 하고 말합니다. 또, 모두가 모이는 '작별인사 모임'에서 "청소를 해줘서 여러분의 방이 이렇게 깨끗해졌어요" 하고 아이의 도움을 모두 앞에서 발표하기도 합니다.

"대단하다" "착하다"가 아니라 "도움을 줘서 고맙다"고 말합니다. 아이의 행동에 집중해서 말을 하는 것이지요. 그럼 다른 아이들도 자연스럽게 아이의 행동에 "고마워" 하고 즐거워합니다.

아들러 심리학에서는 '자신은 사회의 일원'이라는 의식을 갖고 그 안에서 자신이 무얼 할 수 있는지 생각하게 만드는 것이 중요하다고 말합니다. 그리고 아이 스스로 도움의 기쁨을 느낄 수 있도록 칭찬하지 않고 감사의 기분을 전합니다.

"기다리라"고 말했으면 반드시 약속을 지킨다

뭔가 '하고 싶다'는 아이의 욕구는 매우 중요합니다.

몰두하는 시간이 아이를 성장시키기 때문입니다. 이것은 우리 어린이집이 중시하는 가장 기본적인 개념입니다. 그리고 아이가 하고 싶어 하는 것에는 적극적으로 응해줍니다.

저 역시 세 명의 아들을 키운 엄마이기도 합니다. 집에서는 아이가 하고 싶다는 대로 전부 해줄 수 없습니다. 부모도 일이 있고 상황이란 것이 있기 때문입니다. 매일 시간에 쫓기고 해야 할 일은 산더미입니다. 아이의 기분만 존중하면 생활을 해나갈 수 없습니다.

가령, 저녁식사 준비를 할 때 갑자기 아이가 "공원에 가서

곤충 잡고 싶다!"고 해도 들어줄 수는 없습니다. 아무리 '하고 싶은 기분'이 아이를 성장시켜도 아이의 노예가 될 필요까지는 없으니까요.

그럴 때는 지금 할 수 없는 이유를 말하고 다음에 하자고 '약속'하면 아이도 차분해집니다.

"조금 있으면 아빠가 퇴근하잖아. 아빠가 배가 고플텐데 엄마는 밥 해놓고 기다리고 싶어. 대신 내일 아침 일찍 일어나서 공원에 갈까?" 이렇게 말해줍니다.

중요한 것은, 아이와 한 약속은 반드시 지켜야 합니다.

한 번은 이런 일이 있었습니다. 다른 지역에서 이사를 온 삼형제가 우리 어린이집에 다니게 되었습니다.

그 집은 부모가 일로 바빠서 할머니가 아이들을 돌봐주고 있었는데 아이들이 어린이집에 다니고 얼마 지나지 않았을 때 보육교사가 저를 찾아왔습니다. 이유인즉슨, 큰 아이에게 "잠깐 기다려줘"라고 말하면 엄청 화를 낸다는 것입니다.

그래서 무슨 일인지 자초지종을 들어보니 이유를 알 수 있었습니다. 아이들의 할머니는 "기다려"라고 말하면 그것으로 끝이었습니다. 아무리 기다려도 원하는 것을 들어주지 않았던 것입니다.

본래 '기다려'에 담긴 것은 '나중', 즉 '네가 원하는 것을 나중에 들어준다'는 약속입니다.

"엄마, 안아줘."

"지금 처리할 일이 있으니 잠깐 기다려줄래?"

이 대화는 엄마가 아이에게 일이 끝나면 안아주겠다는 '약속'을 한 상태입니다.

그런데 그 삼형제는 아무리 기다려도 항상 약속이 지켜지지 않았습니다. 남자아이 셋을 돌보는 할머니의 어려움도 충분히 이해합니다. "기다려 달라"는 말로 일단 급한 상황을 넘겼을 것입니다.

그러나 결과적으로 아이들에게 '기다려'는 '안 된다' '포기해라' 하는 의미가 되어버렸습니다. 좀 더 말하면, 기대를 했지만 기대를 하면 안 된다는 생각이 강해졌을 것입니다. 실망할 수 있을 법한 일입니다.

어른과 아이는 대등한 관계라고 아들러는 말했지요. 대등한 관계라고 하는 것은 그만큼 아이도 어른만큼 존중받을 만한 권리가 있다고 보는 것입니다. 어른끼리는 약속을 지킵니다. 그래야 한다고 생각하지요. 그렇다면 아이에게도 약속을 지켜야 합니다. 상대가 아이라고 해서 약속을 안 지켜도 되는 것은 아닙니다. 이 삼형제는 그 후 오해를 풀고 아무 문제없이 잘 자라주었습니다.

할 수 있는 것은 가능한 들어줍니다. 그러나 아이의 노예가 될 필요는 없습니다. 그렇다면 할 수 없는 경우는 그 이유를 확실하게 말해줍니다.

그리고 약속했으면 반드시 지키도록 합니다.

그렇게 하는 것이 부모가 아이의 신뢰를 얻는 길입니다.

아이의 기분에 공감하는 것이 우선이다

어린아이는 자신의 기분을 정확히 파악하거나 적절한 말로 표현하지 못합니다. 그것이 뜻대로 되지 않아 으앙, 하고 울음을 터뜨리고 화를 내버리기도 하지요. 때로는 아이의 그런 모습에 귀여운 마음도 들고요.

그런 때는 문제를 해결하기보다 먼저 아이의 기분을 말로 표현해주도록 합니다. "지금 너의 기분은 이렇구나" 하고 대신 말해주며 공감하는 것이지요.

친구가 갖고 노는 장난감을 만지고 싶어서 울었다면 "그래, 장난감이 갖고 싶구나, 놀고 싶구나" 기분을 이해합니다. 또, 생각대로 옷을 갈아입을 수 없어서 낑낑대다 울면 "혼자 옷을 갈아입고 싶었구나, 속상했겠다" 이렇게 공감해줍니다.

장난이나 문제 행동에 대해서도 마찬가지입니다. "너는 이렇게 하고 싶었구나. 그런데~" 하고 일단 받아준 다음 해야 할 말을 합니다.

자신의 기분을 알아준다는 것, 그것만으로도 아이는 안심하고 진정합니다. 물론 그 감정에 머무르고 모든 것을 들어줄 수는 없지만 누군가 공감해주고 받아주었다는 경험은 마음의 등불처럼 따스함을 남깁니다.

점심식사 때마다 일부러 물을 엎지르는 3세 아이가 있었습니다. 그날도 여러 번 물을 엎질렀고 그때마다 보육교사가 테이블을 닦았습니다.

그런데 몇 번째인가 테이블에 엎지른 물이 코끼리 모양처럼 보였습니다. "어머, 코끼리가 있네." 보육교사가 말하자 아이가 "응, 코끼리" 하고 웃으며 처음으로 자신이 엎지른 물을 닦았다고 합니다. 그다음부터는 물을 엎지르지 않았습니다.

어른의 반응을 시험하고 있었는데 평소와 다른 반응을 보여 만족한 것인지, 아니면 자기만의 놀이가 시들해졌던 것인지는 모르겠습니다. 아마도 매번 테이블에 쏟은 물에서 동물을 발견했는데 어른이 (우연히) 그것을 알아봐주고 공감해 만족한 것이 아닐까 생각합니다.

아이들은 감정적인 것이 해결되지 않으면 예상하지 못한 방향으로 엇나가기도 합니다. 저는 아이의 감정을 읽어주는 것만으로도 큰 도움이 된다고 생각합니다. 그저 '나의 감정을 알고 있구나'라는 마음만으로도 아이는 다음 행동의 방향을 잡을 수 있습니다.

아이의 모든 행동에는 목적이 있다

동생이 태어나면 첫째아이의 행동이 불안정해집니다. 많이들 경험한 일입니다.

왜 그럴까요? 바로 '부모의 사랑을 빼앗겼다!'고 생각하기 때문입니다. 갓난아기는 작고 약하기 때문에 어쩔 수 없이 엄마가 옆에서 아기를 돌봐야 합니다.

우리 어린이집에도 부모의 애정을 독차지했던 아이가 동생이 생기면서 평소 하지 않던 행동을 보여 어머니가 상담을 청하는 경우를 자주 봅니다.

"지금까지 혼자 잘했던 것들을 못해요"라는 고민이 대부분입니다. 아이가 혼자 자리에 앉아 밥을 잘 먹었는데 동생이 생긴 후로는 일어나 돌아다니고 음식을 쏟거나 남깁니다.

이런 행동의 이유는 명백합니다. '문제 행동'을 일으키면 동생인 갓난아기만 돌보던 엄마가 자신만을 바라봐주기 때문입니다.

"밥 제대로 먹어!"

"흘리지 않게 조심해!"

그럼 아이는 '드디어 엄마가 나에게 관심을 보인다!'고 기분이 좋아집니다. 그렇게 몇 번 시도해보고 입력합니다.

'밥 먹을 때 돌아다니면 엄마가 신경 써준다.'

그렇게 해서 '문제 행동'을 반복하게 됩니다. 엄마로서는 그렇잖아도 힘든데 아이가 말을 듣지 않으니 안절부절 더 힘에 부치지요. 하지만 아무리 야단쳐도 해결되지 않습니다.

아들러는 변덕스럽고 어처구니없고 제멋대로인 것처럼 보이는 아이의 행동에도 전부 '목적'이 있다고 말합니다. 특히 문제 행동이라고 지적하는 행동에는 반드시 목적이 있습니다.

따라서 야단치기 전에 그 목적—무엇 때문에 그 행동을 하는지 찾아야 합니다. 최근에 어떤 변화가 있었는지, 야단맞을 때 어떤 표정을 짓는지, 이 행동이 어떤 결과를 초래하는지를 곰곰이 생각해보는 것입니다.

그럼 이 경우는, '엄마가 상대해주기를 바라는구나, 어리광 부리고 싶구나' 알 수 있습니다.

목적을 알았으면 그것을 다른 방법으로 충족시켜주는 것입니다. 구체적으로는, 평소 아이의 행동과 '착한 행동'에 주목합니다. '나쁜 짓을 하지 않아도 엄마가 나를 봐준다'고 이해하게 되면 주목받기 위해 했던 문제 행동은 차츰 줄어들게 됩니다.

"그런데요, 선생님. 지금은 정말 나쁜 짓만 해요."

그렇게 호소하는 어머니도 있습니다. 그렇다면 당연하게 여기는 아이의 평소 행동에 주목해보는 것이 어떨까요.

밥을 먹고, 옷을 갈아입고, 인사를 하고, 장난감을 정리하고, 동생을 쓰다듬는, 그런 당연하다고 생각되는 행동들 말이지요.

아무것도 할 수 없었던 아이가 이제는 제법 꽤 많은 것들을 혼자 할 수 있게 되었습니다. 또, 매일 아침 씩씩하게 일어나니 그것만으로도 감사한 일입니다. 아이가 꼭 '나쁜 짓'만 하는 것은 아닙니다. 아이가 하지 못하는 것보다 할 수 있는 것, 잘하는 것이 무엇인지 초점을 맞출 필요가 있습니다.

그리고 그 '기쁜' 기분을 말로 표현합니다. 엄마가 너를 이렇게 관심을 가지고 보고 있다는 것을요.

"엄마가 만든 오믈렛 먹어줘서 고마워."

"아침에 눈을 떴는데 엄마를 보고 웃어줘서 엄마 기분이 좋아."

그리고 시간이 나면 아이를 무릎에 앉혀 "엄마가 사랑해" 하고 말합니다. 그러다 보면 주목을 받으려는 '목적'이 자연스럽게 사라집니다.

한 아이가 이런 멋진 시를 썼습니다.

동생이 잘 때,

엄마가 동생이 자니까 '책 읽어줄게' 하고 안아줬다.

『분홍색 기린』이 좋아졌다.

어른의 '당연함'으로
바라보지 않는다

아이의 '문제 행동'에는 목적이 있다고 했는데, 마음에 남아 있는 경험을 이야기해보고 싶습니다.

아주 오래 전, 우리 어린이집에 한 아이가 있었습니다. 건강하고 활발한 아이인데, 말을 걸면 항상 "응?" 하고 고개를 옆으로 돌렸습니다. 매일같이 이름을 부를 때마다 고개를 그렇게 돌렸습니다.

보육교사로서 아직 경험치가 짧았던 저는 아이의 그런 행동을 '고쳐야 한다'고 마음먹고, 아이와 말할 때마다 주의를 주었습니다.

"선생님을 보는 게 예의야. 고개 돌리지 말고."

그런데도 고쳐지지 않자 더 열심히 아이에게 주의를 주었습니다.

그런데 어느 날, 담임 보육교사가 이런 말을 했습니다.

"선생님, 아이가 오른쪽 귀가 잘 안 들리는 것 같아요."

깜짝 놀랐지만 그 말을 듣고 보니 그동안의 행동이 단번에 이해가 갔습니다. 그리고 아이에게 너무 미안해졌습니다. '선생님의 말을 잘 들어야 한다'는 분명한 마음으로 잘 들리는 귀로 들으려 했던 아이는 결과적으로 고개를 옆으로 돌린 것이었습니다. 그런데 전 '눈을 보고 말해야 한다'는 어른의 상식에만 집착해 이유도 들여다보지 않고 아이에게 주의를 주었습니다.

어른은 살면서 이상적인 언행, 상식, 규칙을 습득하고 그 틀에서 생각합니다. 저 역시 그렇습니다. 그래서 그런 당연함, 상식에 맞지 않는 행동(이것을 '문제 행동'이라고 부릅니다)을 취하는 아이가 있으면 무조건 고쳐주고 싶어집니다. 그러나 아이는 아이 나름의 여러 가지 '목적'을 갖고 있고 그것에 따라 행동합니다.

'이 아이는 어떤 기분으로 이런 행동을 할까?'

'이 행동에는 어떤 의도가 있을까?'

차분히 아이를 지켜보며 찾아주도록 합니다. 그러다 보면 '앗, 그랬구나!' 하고 깨닫는 것이 너무나 많습니다.

이것도 어쩌면 한걸음 물러난 여유에서 볼 수 있는 것일지도 모릅니다. 앞만 보고 틀 안에 갇히면 보이는 것이 너무나 한정적입니다. 바쁜 세상과 비교 우위의 삶 속에서 그런 것은 더욱 심해지지요. 그래서 우리 아이에게만은 조금 더 여유를 갖고 시선을 넓혔으면 합니다. 아이만의 이유, 아이만의 목적, 아이만의 시선이 눈에 들어올 것입니다.

무심코 "너는 안 돼"라고 말하고 있는 것은 아닐까

아이들은 언제나 활기가 넘칩니다. 본연의 에너지입니다. 그래서 보육교사로서 무의식적으로 던진 말이나 행동이 아이의 활기를 꺾지 않도록 주의합니다.

가령, '너는 안 돼'라는 의미의 말. 직접적으로 아이에게 그렇게 말하는 부모는 거의 없지만 "너는 이걸 못해" "적성에 안 맞아"라는 말은 어떨까요. 무심코 하는 이런 말도 아이에게는 '쓸모없다'는 의미가 됩니다.

아이는 가장 가까운 사람, 또 자신이 가장 좋아하는 사람에게 들은 이 말을 믿게 됩니다. 그 말이 마음에 깊이 남아서 활기를 잃어버리기도 합니다.

어린 시절의 제가 그랬습니다. 우리 어머니는 그림을 잘 그리셨는데 저는 미술에는 소질이 없었습니다. 그림을 못 그리는 것에 거의 신경 쓰지 않고 지냈지만 한 번은 초등학교 수업을 참관하러 오셨던 어머니가 이런 말을 제게 했습니다.

"네 말을 듣고 꽤 멋진 그림이 걸려 있을 거라고 생각했는데, 영 그림실력이 아니던데. 노래 못하는 사람을 음치라고 하니까 너는 '그림치'야."

어머니의 말에 저는 완전히 풀이 죽어버렸습니다. 어머니는 별생각 없이 농담처럼 한 말이었겠지만 저에게는 '그림을 못 그리는 아이'라는 말이 마음 깊이 남아버렸습니다.

그래서 어머니에게 처음 그 말을 들은 지 80년이 지난 지금도 그림을 그리거나 종이접기를 하거나 뭔가를 만들 때는 기분이 내키지 않습니다. 그다지 하고 싶은 마음이 들지 않습니다.

아이는 부모가 부정해버린 능력에 대해서는 자신감을 갖기 어렵습니다. 무심코 한 부주의한 말로 아이의 활기를 꺾어버리지 않도록 주의해야 합니다. 어렸을 때의 경험은 부모가 아이에게 '너는 쓸모없는 아이'라는 의미의 말은 절대 해선 안 된다는 믿음을 주었습니다.

그 말을 한 엄마 아빠는 잊어버리지만 아이는 절대 잊지 않습니다.

말의 힘은 놀랍습니다. 아이의 가능성을 주목하여 긍정의 주문처럼 한 말은 수십 년이 지나 현실이 되기도 합니다. 탁월한 능력을 발휘한 사람은 자신의 능력을 알아봐준 단 한 사람으로부터 재능이 극대화되기도 합니다. 하물며 아이에게 부모의 영향력은 엄청나겠지요. 우선 부모의 기대에 조금 못 미친다 하여, 또는 주변의 시선을 의식하여 아이에게 내리는 부정적인 단정부터 거두는 게 시작입니다.

불합리한 현실에 부딪친 아이에게는 진심을 인정해준다

우리 어린이집을 졸업하고 초등학교에 갓 입학한 한 아이. 어느 날, 그 아이의 어머니가 전화로 "선생님, 사실은 학교에서 이런 일이 있었어요" 하고 말문을 열었습니다.

선생님이 수업시간에 신문지를 사용할 테니 각자 3장씩 가져오라고 했고, 아이는 '깜빡 잊고 그냥 오는 친구가 있을지 모른다'고 신문지를 10장 챙겨갔습니다. 아니나 다를까, 신문지를 가져오지 않은 친구가 있어서 가져온 여분의 신문지를 그 친구에게 나눠주었습니다. 그러자 선생님이 "준비물을 챙겨오지 않은 사람은 '불편함'이라는 벌이 필요하니까 나눠주지 마!" 하고 야단을 쳤다고 합니다.

"어떻게 제가 말해주어야 할지 모르겠어요. 선생님은 어떻게 생각하세요?" 어머니가 조심스레 질문을 했습니다.

물론 어린이집에는 아이에게 '벌'을 준다는 발상 자체가 없습니다. 또 아이가 주위에 도움을 주고 싶은 마음, 난처한 친구를 도와주려는 다정한 마음을 가진 것은 분명합니다. 어머니가 답답해하는 것도 충분히 이해되었습니다.

저는 "선생님이 '벌'이 필요하다면 따르는 수밖에 없어요"라고 말했습니다. 어린이집과 학교는 다른 곳이고 선생님에게도 교육 방침이 있을 테니까요.

"하지만 어머니는 아이에게 꼭 이렇게 말해주세요. '엄마는 너의 그 따뜻한 마음이 너무 예뻐'라고요."

어머니도 무슨 뜻인지 알겠다고 하면서 전화를 끊었습니다.

아이는 자라면서 이해할 수 없는 현실에 부딪쳐 당황하는 경우가 있습니다. 아이가 화내거나 풀이 죽고, 우울해하는 모습은 부모로서 보기 안타깝습니다.

그런 때는 "엄마는 너의 그런 점이 좋아" 하고 말해주었으면 합니다. 혹시 그 자리에 어울리지 않는 행동이었을 수도 있지만 너의 좋은 점이고, 엄마는 그런 네가 좋다고 인정해주는 것입니다.

아이는 자신이 가장 좋아하는 엄마가 좋아해주니까 괜찮다고 이해합니다. '나는 나로 괜찮다'라고요.

그런 마음만으로도 아이는 자신의 장점을 잃지 않습니다. 그 아이는 분명 마음이 따뜻한 어른으로 성장할 것입니다.

아이가 살아갈 세상이 아름답기만 한 것은 아닙니다. 불합리하고 억울한 일도 많습니다. 그 과정에서 아이는 상처도 받겠지요. 그래도 자신을 믿어주고 이해하는 사람이 있다면, 어떤 어려움 속에서도 항상 그 자리에서 자신의 편에 서 있는 누군가가 있다면 힘을 낼 수 있습니다.

아이의 진심만큼은 항상 격려해주기를 바랍니다.

아이는 신뢰할 수 없는 어른에게는 속마음을 보이지 않는다

지금도 기억에 남아 있는 인상적인 에피소드를 들려드리겠습니다.

학교에서 아이가 키 작은 친구에게 '꼬맹이'라고 말한 일로 담임 선생님이 아이의 어머니에게 전화를 걸어 "저쪽 어머니에게 사과하세요" 하고 말했다고 합니다. 그래서 아이가 학교에서 돌아오자마자 "친구한테 꼬맹이라고 했니?" 하고 물어보았습니다.

"응, 했어."

"왜 그런 말을 했어?"

"걔가 먼저 나한테 '야, 돼지야'라고 해서 '왜 꼬맹아'라고 했지."

"그랬구나, 그거 선생님한테 말 안 했어?"

"선생님은 내 말은 안 들어주니까."

그때 아이의 어머니는 아이가 어린이집에 다녔을 때 제가 보호자에게 들려줬던 한 에피소드가 떠올랐다고 합니다.

그 일은 벌써 30년 전의 이야기인데요. 우리 어린이집에 아이들이 좋아하고 잘 따르는 아저씨가 있었습니다. 어린이집의 여러 일을 맡아 해주던 분이었지요.

어느 날 아저씨가 "선생님, 원사 뒤쪽에 갓 심어놓은 나무가 뽑혀 있어요" 하고 말했습니다. '누가 뽑은 거지' 생각하면서 다시 나무를 심었는데 다음날 가보니 또 뽑혀 있었습니다.

사흘 째 되던 날에도 뽑혀 있었는데, 옆집 가게 아주머니가 한 남자아이가 그러는 걸 보았다는 말을 했다고 합니다.

그래서 아저씨는 아이에게 물어보았습니다.

"왜 나무를 뽑았니?"

"아니에요, 저는 안 뽑았어요."

"그래? 그럼 누가 그랬을까?"

"그거, 매미 유충 찾으려고 열심히 흙을 팠는데 나무가 쓰러졌어요."

그렇습니다. 아이는 나무를 뽑을 생각이 전혀 없었습니다.

"선생님. 그래서 이 나무는 노란색의 예쁜 꽃이 피니까 앞으로는 흙 파지 말아 달라고 말해뒀어요."

순간, 저도 모르게 "그걸로 충분해요, 정말 잘하셨어요!" 하고 말했습니다.

아이에게 왜 그랬냐면서 화를 내며 야단치거나 "변명하지 마!" "거짓말 마!" 이렇게 다그치지 않고 차분히 아이의 말을 들어주었기 때문입니다.

대개 어른들은 '범행 현장'을 목격하면 그걸 증거로 설교를 하고 용서를 빌게 합니다. 그러나 아저씨는 아이의 말을 끌어내 왜 그랬는지 목적을 확인했던 것이지요. 그렇게 아이는 해서는 안 되는 일이라는 것을 배울 수 있었습니다. 그래서 아이들이 아저씨를 좋아하고 따르는구나, 수긍이 가고 감동을 받았습니다.

또한 아저씨에게 아이가 자신의 기분을 정확하게 말했다는 것도 기쁘게 다가왔습니다. 그만큼 신뢰관계가 형성되어 있기 때문에 솔직하게 말할 수 있었던 것이지요.

이 사람은 말을 들어주지 않는다고 생각하면 아이는 입을 다물거나 거짓말을 합니다. 그래서 부모는 아이에게 신뢰받는 존재가 되어야 합니다.

이 에피소드를 어린이집에서 말한 적이 있었습니다. 아이의 어머니는 그 이야기를 떠올린 것입니다.

"진짜로 아이는 신뢰하지 않는 어른에게는 입을 다물어버리나 봐요."

아이는 어른을 지켜보고 신뢰할 만한지 판단합니다. 무의식적으로 아이를 깔보는 어른, 이야기를 듣지 않는 어른, 화내는 어른은 절대 신뢰하지 않습니다.

'아, 이 사람은 나를 동등한 입장에서 생각하고 듣는 자세를 갖고 있구나' 아이가 그렇게 인정해야 비로소 아이는 자신의 기분을 말해줍니다.

신뢰는 존중에서 비롯됩니다. 아이를 움직일 수 있는 가장 강력한 무기가 신뢰인데 아이에게 신뢰를 얻으면 권위는 저절로 따라오게 됩니다. 그만큼 신뢰는 중요합니다.

아이의 거짓말에 대해
유연하게 대처하는 것도 중요하다

한 어머니가 아이를 씻기다가 아이의 등에 물린 자국이 있는 것을 발견했습니다.

"누가 그랬어?" 물어보았지만 아이는 대답하지 않았습니다. 재차 물어보자, "내가 물었어" 하고 빤한 거짓말을 했습니다.

"무슨 말이야. 네가 어떻게 네 등을 물어? 누가 그랬어?"

엄마가 화를 내자 아이는 주뼛거리며 "돗치가 물었어" 하고 말했습니다. 돗치는 어린이집에서 장난이 심한 개구쟁이였습니다. 어머니도 그 아이의 존재를 알고 있었기에 "아, 돗치가 그랬구나, 아팠겠다" 하고 더 이상 묻지 않았습니다.

다음날, 어머니는 어린이집의 담임 보육교사에게 편지를

썼습니다.

'이런 일이 있었다고 합니다. 아이들을 잘 돌봐주세요.'

그런데 편지를 읽은 보육교사는 난감했습니다. 전날 돗치는 어린이집에 오지 않았기 때문입니다.

그럼 아이는 왜 거짓말을 했을까요?

자신이 먼저 누군가에게 나쁜 짓을 해서 등을 물렸기 때문입니다. 상대가 야단 맞으면 자신의 '나쁜 짓'도 들통 나고 혼날 게 빤한 것이지요. 혼나는 게 싫었을 것입니다. 어려도 이런 상황 판단이 됩니다.

말하고 싶지 않은 것을 다그치면 아이는 거짓말을 합니다. 그래서 저는 아이가 말하고 싶어 하지 않거나 얼렁뚱땅 얼버무리면 억지로 말하게 하지 않습니다.

"분명, 뭔가 있구나. 말하고 싶으면 가르쳐줘."

그렇게 말하고 기다려줍니다.

우리 어린이집은 오후 3시 반의 간식시간 후에 '작별인사 모임'이 있습니다. 하루 중 유일하게 아이들이 모이는 중요한 시간입니다. 그날 있었던 기뻤던 일과 힘들었던 일, 연락사항을 담임 보육교사와 7세 반 아이들이 이야기합니다.

어느 날, '작별인사 모임'에서 제가 물었습니다.

"오늘 유리의 신발 한 짝이 없어졌어요. 누구, 신발 본 사람 있어요?"

그러자 탓이 "제가 찾아줄게요!" 하고 마당으로 나가더니 금방 "찾았어요!" 하고 한손에 신발을 들고 돌아왔습니다.

짐작대로 탓이 숨겼던 것이었습니다. 물론 보육교사들도 알고 있었습니다. 탓에게 "찾아줘서 고마워요" 하고 유리에게 신발을 건네주는 것으로 마무리했습니다.

아이도 양심의 가책을 느껴 "내가 찾는다"며 밖으로 나갔을 것입니다. 신발을 돌려줘야 한다고 계속 마음에 걸렸을지도 모릅니다. 그것으로 반성은 충분하다고 생각했습니다.

아이들 앞에서 "네가 한 거지?" "사과해!" 하고 나무라는 것은 결코 좋은 영향을 주지 못합니다. 그런 식으로 아이를 나무라고 다그치면 다음에는 솔직히 말하지 못합니다. 아이를 상대할 때는 경찰도 재판소도 필요하지 않습니다.

아이는 거짓말을 합니다. 아이를 키우다 보면 흔하게 겪는 일입니다. 이 시기의 아이는 거짓말이 뭔지 아직 잘 모릅니다. 그냥 혼나고 싶지 않은 마음이 큰 것이지요. 어른의 시선으로 거짓말을 파고들 필요가 없습니다. 거짓말보다는 어떻게 아이와 신뢰 관계를 만들지 생각해봐야 합니다. 이후의 중요한 순간이 오면 아이와 쌓은 신뢰만큼 강력하게 작용하는 것은 없습니다.

그래서 아이가 거짓말을 해도 크게 야단치지 않고 다그치지 말고 도망갈 길을 남겨주어야 합니다. 평소에 부모가 다그치면 아이는 더 거짓말을 하게 됩니다. 어른도 별것 아닌 과실을 감추고 싶은 마음처럼요.

눈 딱 감고 속아주는 유연함이 필요합니다.

- 아이를 아이 취급하지 말 것.
- 일 상대나 배우자처럼 어른을 대하듯이 대등하게 대할 것.
- 아이의 인격을 인정하고 제대로 상황을 알려고 노력할 것.

아이와 소통하려면 이런 자세를 잊지 말아야 합니다. 아이는 부모의 마음을 알아봅니다.

Part 3

아이의 발달 삼각형 '아이의 마음이 성장하고 있습니다'

아이가 행복하게 살아가기 위해 꼭 필요한 '마음의 발달'

저는 정기적으로 '마리아 언덕 통신'을 발행하는데 뜻을 같이 하는 어머니들의 육아 강연에 강사로 초청을 받았습니다. 이뿐만 아니라 다양한 자리에서 강연을 할 기회가 있는데 어떤 자리에서든 제가 처음에 꼭 언급하는 것은 아이의 발달 단계입니다.

즉, '아이는 어떻게 성장할까?' 하는 이야기입니다.

이것은 육아에 있어 제가 생각하는 가장 기본적인 틀이라서 몇백 번을 말했는지 모를 정도입니다. 의외로 아이가 어떻게 성장하는지 모르는 부모가 많습니다.

그래서 지금부터는 아이의 성장과 발달에 관한 이야기를

하려 합니다. 세상에 태어난 갓난아기는 어떻게 아이로 성장하고 자립할까요.

한 마디로, '육아라는 여행의 여정'에 대한 이야기입니다.

'아이의 발달'이라고 하면 가장 먼저 떠오르는 것이 '눈에 보이는 발달'입니다. 목을 가누고, 걷고, 말을 하고, 기저귀를 떼고, 자전거를 타고, 글자를 알게 되는, 부모로서도 실감하기 쉬운 성장입니다.

물론 이것들도 중요한 성장인데, 지나치기 쉬운 것이 '눈에 보이지 않는 성장'입니다.

한마디로, 마음의 성장입니다. 자신을 소중하게 생각하는 힘(자존감)과 '자신을 지금의 자신으로 괜찮다'고 생각하는 힘, 마지막까지 포기하지 않는 힘, 자신을 통제하는 힘입니다. 또 감사하는 힘, 주위와 협력하는 힘, 사람의 기분을 이해하는 힘도 중요합니다.

이런 힘은 눈에는 보이지 않습니다. 점수를 매길 수도 없고 '어제에 비해 끝까지 해내는 힘이 생겼다'고 실감할 수도 없습니다. 그러나 이것들은 인간이 행복하게 사는 데 꼭 필요한 힘입니다. '좋은 성적'보다 훨씬 중요합니다. 저는 아이들을 돌보면서 이런 힘을 키워주고 싶었습니다.

이런 '눈에 보이지 않는 발달'을 최근에는 '비인지 능력'이라고 합니다.

국립교육정책연구소(교육정책에 관한 조사와 연구를 하는 일본 문부과학성 산하의 연구소)를 비롯한 여러 기관에서 비인지 능력에 관한 연구가 이루어지고 있고, 최근 수년간 보육 연수와 공부모임에서도 자주 듣는 말입니다. "비인지 능력은 마음의 기본이므로 탄탄하게 키워야 한다"라고 강조하지요. 강의를 듣는 저로서는 '몇십 년 전부터 아이들에게 키워주려고 노력했던 건데' 하며 끄덕이게 됩니다.

제가 부모님들에게 '아이가 어떻게 자립할까'라는 주제로 말할 때는 삼각형을 사용해 설명합니다. 발달 삼각형은 아래서부터 차례로 키워나갑니다. 역삼각형이 되면 불안정합니다.

'○세가 되면 다음 단계로 가자' 하는 연령 기준은 없습니다. 그 아이의 성장 속도에 맞게 하나씩 쌓아가는 겁니다. 아래쪽 토대가 탄탄하지 않으면 아무리 고등교육을 받아도 흔들흔들 불안정해 무너집니다.

발달 삼각형을 살펴 보며 아이의 '성장'에 대해 생각해보았으면 합니다.

우선 '정서의 발달과 안정'이 가장 튼튼한 기초가 되고 '자립심의 발달' → '사회성의 발달' → '지식의 습득' 순서로 발달을 이루어갑니다. 아래와 같은 삼각형의 모양입니다. 어떻게 이 발달을 이루어가는지 하나씩 설명하겠습니다.

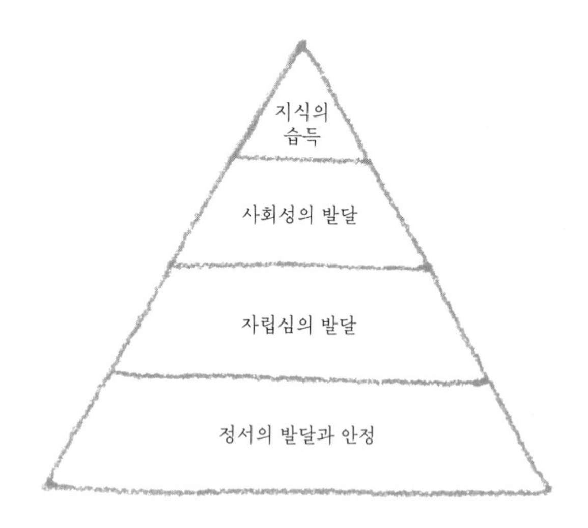

안아주고, 안아주고, 안아주자

step 1 정서의 발달과 안정

인생에서 가장 중요한 토대가 되는 것이 '정서의 발달과 안정'입니다.

간단히 말해, '자신은 소중한 인간'이라는 마음입니다. '엄마도 아빠도 너무 좋다!'는 안정된 마음, 부모 자녀 간의 정과 신뢰감을 키우는 것입니다.

인간은 태어나서 수개월 동안 스스로 할 수 있는 것이 없습니다. 말이나 기린은 태어나면 바로 네 발로 서서 스스로 몸을 지키려는데 인간인 갓난아기는 뒤집기조차 하지 못하는 나약한 존재입니다. 혼자서는 도저히 살아남을 수 없습니다.

부모는 그런 나약한 존재인 아이를 지켜주어야 합니다. 아이가 태어나면 생활 리듬이 일정치 않아 부모 역시 수면 부족에 시달려도 아기가 유일하게 할 수 있는 '울음'에 반응하며 ('울음'은 갓난아기가 생존하기 위해 DNA에 새겨진 작전입니다) 아이의 정서를 발달시키는 것입니다.

어떻게 해야 할지 어렵게 생각할 필요는 없습니다. 안아주고, 안아주고, 또 안아주는 것입니다. 울면 반응하여 안아주고, 아이가 원하면 안아줍니다. 그렇게 수시로 아이를 안아줍니다.

요즘 부모들은 굉장히 똑똑합니다. 육아에 대해서도 많이 알고 있습니다. 그래서인지 아기가 울어도 '배고픈가? 젖 먹은 지 겨우 1시간밖에 안 지났는데…….' '기저귀가 젖었나? 요즘 기저귀는 품질이 좋아 4~5번 눠도 새지 않는다'고 내버려두는 사람도 있습니다. '안아주면 버릇 된다'며 울게 내버려두기도 합니다.

그러나 이런 식으로 아이를 대하면 아이의 뇌는 '울어도 도와주지 않는다'고 학습해버립니다(한 학자는 '신경세포의 연결이 강해진다'고 표현하더군요).

포기하지 않고 한 번 더 "도와줘!" 하고 울어서 반응이 없으면 '아, 또 아무도 와주지 않는다'고 인식합니다. 이런 경험이 반복되면 '울어도 보살펴주지 않는다'고 포기해버립니다.

부모에게 아이는 세상에 둘도 없는, 특별한 존재입니다. 그러나 아이는 그렇지 않습니다. 처음부터 부모를 특별한 존재로 생각하지 않습니다. 그저 불편하니까 응애, 울면, "왜 그래, 알았어" 하고 늘 똑같은 사람의 목소리가 들립니다. 누군가 안아줍니다. 품에 쏙 안긴 자신을 바라보는 웃는 얼굴이 보입니다. 배고픈 배를 채워주고, 기저귀를 갈아주고, 기분 좋게 흔들어줍니다.

'아, 따뜻하고 안심된다. 항상 나를 위해 와주는 이 사람의 목소리, 얼굴, 냄새가 좋다' 그런 식으로 신경세포가 연결되어 차츰 부모가 특별한 존재가 되는 것입니다.

이런 포근함을 학습한 뇌와 '아무리 울어도 와주지 않는다' '울어도 소용없다'고 학습한 뇌 중에 어떤 뇌의 성장이 이로울까요.

생애 최초의 경험인 '3세까지의 육아가 중요하다'고 하는 것은 이런 경험을 통해 '정서의 발달과 안정'이 형성되는 시기가 이 때이기 때문입니다.

제가 무엇보다 중요하게 생각하는 것입니다. 세상에 태어나 새로운 세계를 탐색하는 아이에게 가장 필요하고 절실한 부모의 역할이기 때문입니다. 안아주고, 눈길을 주고, 말 걸어주고, 만져주세요. 많이 상대해주고 충분히 스킨십을 나누어야 합니다.

'정서의 발달과 안정'이 매우 중요한 항목 같은데 안아주는 것만으로 '정서의 발달과 안정'이 이루어질까 의문이 드는 사람도 있을 것입니다. "그런 것은 당연한 것 아닌가요?" 하고 의아한 사람도 많을 것입니다.

만일 그렇게 생각한다면 그 사람의 육아 점수는 백점 만점입니다. 육아 첫 단계로서 그 이상의 것은 없습니다.

간단하고 쉽지만 또 어렵기도 합니다. 평소 자주 안아주면 부모 자식 간의 끈이 강해져 아이의 정서적 안정감은 쑥쑥 성장하게 됩니다.

혹여, 산후에 몸과 마음의 균형이 깨져버렸거나 육아 스트레스에 시달렸거나 여러 사정으로 '스킨십이 부족했다'고 불안해하는 경우도 있을 것입니다. '튼튼한 토대를 만들지 못했다' '정서가 제대로 발달할지 자신 없다'고 자책하는 부모도 많이 보았습니다.

그렇게 생각하고 있다면 아직 늦지 않았습니다. 아이가 5세든 7세든 오늘부터 토대를 쌓아 가면 됩니다. '3세까지가 중요하다'고 하지만 아이의 인생은 깁니다.

초조해하지 않아도 됩니다. 오늘부터 아이를 안아주고, 또 안아주세요. 그것으로 충분합니다.

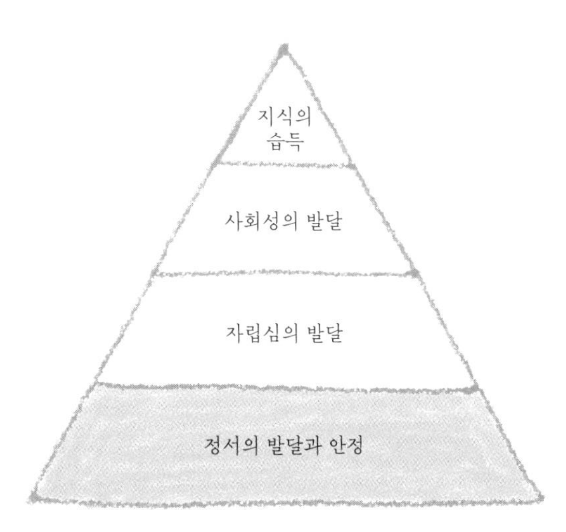

따뜻한 안아줌, 정서의 발달과 안정에 가장 강력한 요소입니다.

'스스로 하는 힘'을 키우자

step 2 자립심의 발달

다음은 자립심입니다. 바꿔 말하면, '의욕'이라고 할 수 있습니다.

일상생활에서 하는 행위, 놀이, 공부, 방과 후 활동, 아르바이트, 일 등 자신의 모든 것을 스스로 한다고 결정하고, 타인의 간섭을 받지 않고 행동할 수 있는 힘인 것이지요. 매일을 활기차게 보내고 인생을 즐기기 위해 꼭 필요한 힘입니다.

앞서 말했듯이 자립심을 키우기 위해서는 '아이가 하고 싶은 것을 원하는 만큼 하게 해주는 것'이 가장 효과적인 길입니다.

단, 아이가 이 능력을 습득하는 과정에서 부모는 큰 폭풍

우를 경험해야 합니다.

흔히 말하는 '미운 4살', 1차 반항기입니다. 무엇을 해도 마음에 들지 않아 울고, 화내고, 거칠게 행동합니다. 뭐든지 "아니야, 내가 할 거야!"라고 주장합니다. 몸 안쪽에서부터 에너지를 폭발해 "싫어!" 하고 소리칩니다.

아이가 "싫다"고 하는 원인은 여러 가지인데, 그중에서도 '자신이 하고 싶다(그런데 할 수 없다!)'로 폭발하는 경우가 많습니다. 아이는 점점 하고 싶은 일이 많아집니다. 그런데 능력이 부족해 생각대로 할 수 없습니다. 그러니 답답해하고 폭발해버리는 것입니다.

1차 반항기는 엄마, 아빠를 지치게 만듭니다. 어떤 경우에는 매일, 하루 종일 짜증내는 아이도 있습니다. "싫어"가 시작되는 버튼이 어디에 있는지 모르기 때문에 계속 신경을 쓰다 보니 힘들다는 부모도 있습니다.

우리 어린이집은 아이에게 1차 반항기가 나타나면 모두 기뻐합니다. 걱정스러운 마음에 상담을 청하면 우선은 "좋은 일이에요" 하고 말합니다. 또, "아이의 그런 기분을 이해해주세요"라는 말도 잊지 않습니다.

아무것도 할 수 없는 무력한 갓난아기였던 아이에게 '스스로 하고 싶다, 해보겠다'는 의욕이 생겼기 때문입니다. 흐릿했던 자아가 확실하게 얼굴을 나타낸 것입니다. 자립심 있는, 자기 힘으로 살아가는 어른으로 성장하는 첫 발을 뗀 것입니다. 말하자면, 1차 반항기는 "싫어, 싫어" 시기가 아니라 뭐든지 스스로 하려는 "할래, 할래" 시기입니다.

그래서 저는 1차 반항기로 고민하는 부모에게는 "의욕이 없는 아이는 어엿한 어른으로 성장할 수 없어요. 아주 훌륭해요" 하고 말합니다. 그렇지만 집안에서도 밖에서도 줄창 이어지는 아이의 "싫어!" 소리를 듣게 되면 지치고 힘들기 마련입니다. 짜증도 솟구칩니다.

그럼 울며 짜증내는 아이를 어떻게 상대해야 할까요? 저의 경우에는 아이의 '하고 싶다!'는 기분을 어떻게 충족시킬까를 생각합니다. 달래거나 야단치기보다 '스스로 하게 하는 것'이 빠른 방법입니다.

그래서 서두르지 않고, 명령하지 않고, 기다립니다.

기다린다는 것, 이 시기에 부모에게 가장 필요한 일이지만 쉽지 않습니다. 시간도, 마음의 여유도 필요한 일입니다. 기다리고 지켜보다가 도저히 아이 혼자 할 수 없을 것 같으면 성공하도록 슬쩍 도와줍니다. 이때 "내가 하고 싶어! 방해하지 마!"의 스위치를 자극하지 않을 정도로만 도와줍니다.

아이가 바지를 혼자 입겠다고 할 때가 있습니다. 그럴 때 생각대로 되지 않아 짜증을 내는 아이에게, "지금 나가야 될 시간이야, 그만 됐어, 입혀줄게, 바지 줘" 하고 같이 짜증을 내면 지체하는 시간만 길어집니다. 짜증의 악순환에 빠져 아이는 더 짜증을 냅니다.

그럴 때는 일단 부모가 진정해야 합니다. 그리고 "도와줄까" 말을 걸며 다가갑니다. "발을 들어보면 어떨까?" "잘했어, 바지를 살짝 올려보자" 하는 식으로 예민해진 기분을 드러내지 않고 힌트를 주거나 그래도 어려워하면 (뒤에서 바지를 올려준다거나) 슬쩍 도움을 줍니다. 그것으로 아이가 '스스로 했다'는 성취감을 얻을 수 있으면 됩니다.

또, 아이가 조금이라도 짜증을 덜 내게 만드는 쉬운 방법도 있습니다. 가능한 아이가 '다루기 어려운 물건이나 상황'을 제거하는 것입니다.

예를 들면, 작아서 끼우기 어려운 단추, 목둘레가 작은 티셔츠, 신기 어려운 신발. 이런 것들은 어른도 입고 벗기 쉽지 않습니다. 저도 최근에는 발을 쉽게 넣을 수 있는 부드러운 재질의 신발을 신습니다. 주위 물건을 살펴보고 손놀림이 서

툰 아이가 다루기에 '난이도'가 높은 것은 아닌지 한 번 확인해보는 것은 어떨까요.

옷은 꽉 끼지 않고 넉넉한 것이 입고 벗기 쉽습니다. 신발은 뒤축에 손잡이 끈이 달려 있는 것이 신고 벗기 쉽습니다. 조금이라도 아이가 '혼자 할 수 있는 것'으로 골라주도록 합니다.

그리고 이것은 기분 문제인데, 다음 예정이 촉박하면 안절부절못해 현실적으로 기다려줄 수 없습니다.

아이는 부모의 급한 마음은 몰라주고 연신 "싫어"라고 하며 생각대로 움직여주지 않습니다. 그러니 그 부분은 포기하고 큰 기대를 하지 않도록 합니다. 그렇다면 아이의 "싫어"를 들어줄 시간을 감안해 여유 있게 예정을 세우는 것입니다. 이 시기가 무한정 계속되는 것은 아니므로 크게 걱정하지 않아도 됩니다.

늘 짜증만 내고 어른 말대로 움직여주지 않고, 땀을 흘리며 울어대는 아이 때문에 골치 아플 때도 있습니다. 그런데 아이는 그런 존재입니다. 동서고금을 막론하고 모든 아이들은 그렇게 성장합니다.

그러니까 '우리 애는 왜 저렇게 막무가내일까'라고 생각하지 않았으면 합니다. 자기 의사 표현의 단계라고 바라봐주세요. '발달 삼각형 가운데 그 부분이 성장하는 거구나' 하고 받아들이기를 바랍니다.

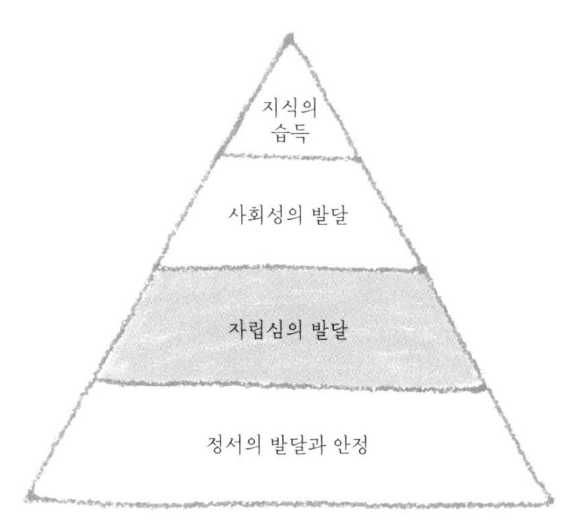

자기 욕구가 커지면서 의사표현이 분명해지는 '자립심의 발달' 시기입니다.

'과한 사랑'은 없지만
'과보호'는 있다

step 2 자립심의 발달

아이는 사랑스럽습니다. 여러분도 '사랑스럽다'는 기분을 아이에게 충분히 전달할 것입니다. 안아주고, 따뜻하게 말하고, 옆에서 지켜보고……. 아이를 사랑하는데 지나침은 없습니다. 안심하고 마음껏 사랑을 쏟아주세요.

단, 그것이 과보호가 되면 멈칫할 필요가 있습니다.

과보호는, 아이가 할 수 있는데도 지나치게 참견하는 것입니다. 이것은 아이를 의존적으로 만들고, 자립심이 제대로 발달하지 못하게 합니다.

우리 어린이집에서는 4세 이상은 매일 아침 등원할 때 '일'을 합니다. 신발과 가방을 정리하고 수첩을 꺼내서 정해진 칸에 스티커를 붙인 다음 자기 반의 선반에 넣습니다. 이 일을 끝내야 자기 시간을 가질 수 있습니다.

어른에게는 별것 아니지만 아이에게는 꽤 시간이 걸리는 일입니다. 익숙하지 않고 미세한 손발의 협응도 잘 되지 않습니다. 신발을 바구니에 가지런히 담는 것도, 스티커 판에서 스티커를 한 장 떼는 작업도 아이에게는 힘든 일이지요.

아무리 시간이 걸려도 아이가 할 수 있을 때까지 기다려줘야 합니다. 어린이집에서 흔하게 볼 수 있는 것이 '과보호하는 할아버지, 할머니'입니다. 아이에게 필요한 '보호자의 일'이라고 생각해서 전부 알아서 후다닥 해버립니다.

손주는 자식과는 다른 사랑스러움과 애틋함이 있지요. 나이도 한참 차이가 나서 대등하게 보기 어려울 수 있습니다. 그래서 스스로 할 수 있는 아이인데도 먼저 해줘버립니다. "아직 어려우니까 할머니가 해줄게" 하고 아이의 일을 빼앗아버립니다. 그 과정이 반복되면 아이는 자립심을 키울 수 없습니다. 과보호는 무섭습니다. 성장할 수 있는 아이도 성장하지 못하게 만들기 때문이지요.

그래서 자상한 할아버지, 할머니에게는 이런 말을 전하고 싶습니다.

"말로든 행동으로든 필요 이상으로 도와주지 마세요. 의욕 있는 어른이 될 수 있도록 조금 더 지켜봐주세요. 아이에게 성장할 기회를 주세요."

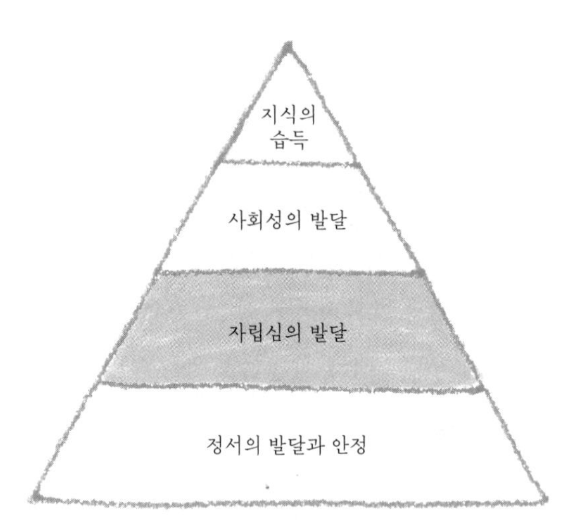

아이의 성장을 방해하는 과보호는 스스로 할 수 있는 힘을 약하게 만듭니다.

싸울 때는 일단 지도하고, 지켜본다

step 3 사회성의 발달

사회성은 '자신의 기분과 생각을 주위 사람에게 이해시키기 위해 표현하는 힘'으로, 발달 삼각형 가운데 이것만큼은 집단에서만 키울 수 있습니다.

5세 정도면 타인과 관계하는 힘이 성장하기 시작해 자신 외에도 존중해야 하는 사람이 있다는 것을 알게 됩니다(물론 개인 차이가 있어서 3세에 이미 사회성이 싹트는 아이도 있고, 6세가 되어도 사회성이 없는 아이도 있습니다). 앞으로 '타인과 살아가는 법'을 배우는 것이지요.

사회성을 습득하는 데 있어 싸움은 좋은 기회입니다. 아이들이 물건을 서로 차지하려고 싸우면 '올 것이 왔구나!' 하고 지켜봅니다.

어린이집에서는 신입생이 많은 4월, 자전거 쟁탈전이 자주 일어납니다. 자전거가 많지 않기 때문에 친구가 타고 있는 자전거를 빼앗으려는 아이와 지키려는 아이가 작은 충돌을 벌이다 동시에 "으앙" 울음을 터뜨립니다.

아이들은 아직 경험도 부족하고 순수해서 어떻게 갈등을 해결해야 할지 모릅니다. 그런 때는 보육교사가 개입해 방법을 알려줍니다.

"이런 때는 빌려달라고 부탁하면 돼. 말해볼까?"

"빌려줘."

"싫어!"

"싫다고 하네, 그럼 다음은 뭐라고 할까. '다 타고나서 빌려줘'라고 해볼까?"

이런 대화 연습을 반복하면 스스로 "다 타면 빌려줘" 하고 말하게 됩니다. 상대도 놀고 나면 "자, 이거 타"라고 넘겨줍니다. "고마워"도 처음에는 보육교사가 말하지만, 아이는 금방 상황을 이해합니다.

재미있는 것은, "나중에 빌려줘" "자, 이거" "고마워"라는 일련의 대화 과정을 배우면 장난감 쟁탈전이 쑥 줄어든다는 것입니다. '빌려달라고 하면 언젠가 가질 수 있다'는 것을 이해하고 알기 때문에 다른 놀이를 하며 기다리자고 생각하는 것입니다.

실내 놀이시설이나 공원에서 장난감 쟁탈전이 벌어지면 괜히 문제가 커지지 않도록 아이에게 참으라고 하거나 일단 자리를 뜨는 부모가 많다고 들었습니다.

그러나 그런 싸움은 특히 어린이집이나 유치원 등의 단체 생활을 하지 않는 아이에게는 매우 좋은 기회가 될 수 있습니다. 만일 상대 부모가 이해심이 있어 보이는 사람이면 꼭 "빌려줘" 연습을 시켜보도록 합니다.

우리 어린이집은 큰 아이들—어디까지나 대략적인 기준인데, 6~7세가 되어 '괜찮겠지'라고 생각이 되면 아이들의 싸움에는 거의 개입하지 않습니다.

"가만, 뭐하는 거야?" 하고 개입해 일일이 상황 설명을 듣지 않습니다. 또 "악수하고 끝내자"고 수습하는 방법도 절대 쓰지 않습니다. '싸운 양쪽을 처벌'하는 것은 어른이 결정할 일이 아닙니다.

그럼 보육교사는 무얼 할까요? 아이들이 싸우는 과정에서 위험하지 않은지 지켜봅니다. 말싸움이나 가볍게 몸을 미는 정도는 개입하지 않고 내버려두지만 끝이 뾰족한 삽을 꺼내거나 위험한 물건을 쓰면 그때는 당연히 "그건 안 된다"고 제지합니다.

안전만큼은 반드시 조심하게 하고 나머지는 아이에게 맡깁니다(단, '자신이 일으킨 문제를 해결하는 힘과 책임'이 얼마나 생겼는지 헤아려서 그 능력에 따라 도움은 주게 됩니다).

자전거 쟁탈전을 하다 보면 아이 스스로 '싸움'을 해결하는 힘이 생깁니다. 실제로 제가 옆에서 그 상황이 끝나기를 기다리면 본인들이 대화로 화해하는 경우가 대부분입니다.

당사자들만의 대화로 해결되지 않을 때도 주위에 있던 아이가 중재 역할을 해주기도 합니다. 나름 공정하고 인정미 넘치는 판정을 내립니다. 제가 보아온 6세, 7세의 지혜는 놀라울 정도입니다.

사회성은, 처음에는 어른의 모습을 보여주어 가르치지만 이후에는 집단 내에서 저절로 습득하게 됩니다.

특히 사회성이 필요한 것은 5세 이후입니다. 그래서 일반적으로 유치원도 5세가 되어야 다닙니다. 부모와의 관계만으로 사회성을 키우는 것에는 한계가 있습니다. 아이에게는 아이의 사회가 꼭 필요합니다.

사회 속에서 갈등을 해결하고 욕구를 조절하며 자신의 의사를 표현하는 것은 사람들과 더불어 살아가기 위한 중요한 능력이 됩니다.

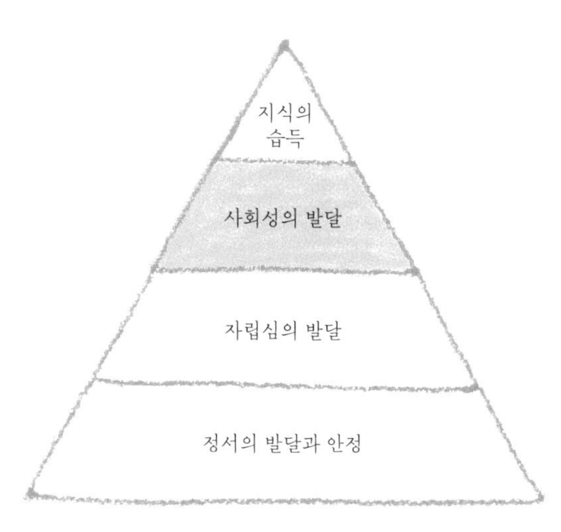

유치원에 갈 나이인 5세 정도가 되면
집단 속의 나인 '사회성의 발달'이 이루어집니다.

마음껏 노는 것이 가장 큰 공부다

step 4 지식의 습득

유아기에 중요한 '지식'은 글자나 영어 단어, 사물의 이름 같은 '머리로 얻는 지식'이 아닙니다. '경험의 지식'입니다.

'경험의 지식'이라고 하면 어렵게 느껴지겠지만 특별한 것은 아닙니다. 한 마디로 놀이입니다.

마음껏 노는 것이 아이에게는 최고의 배움입니다. 주체성, 창조성, 사회성, 집중력, 도덕심, 호기심, 위험을 예지하는 능력……. 이 많은 것을 놀이를 통해 배울 수 있다니, 놀랍지만 전부 놀이로 이 능력을 키우게 됩니다.

충분히 노는 것이야말로 아이의 자립을 위해서는 반드시 필요합니다.

자연 속에서 뛰어다니고, 골목대장처럼 조금은 위험한 놀이도 하고, 그림책을 읽고, 손으로 뭔가를 만들고, 술래잡기를 하고, 전력을 다해 놀 때 아이는 한없이 밝은 얼굴이 됩니다. 소리 지르고 눈을 반짝이며 집중합니다. 이때, 발달 삼각형의 꼭대기가 위로, 더 위로 쑥쑥 자라게 됩니다.

반면에 부모가 텔레비전이나 영상만 보여주거나(일방적인 정보로는 성장하지 않는 능력이 많습니다) 지식을 주입하거나 '조금 위험한 놀이'나 '귀찮은 놀이'를 피하기만 하면 삼각형의 꼭대기가 형성되지 않습니다.

흔히 말하는 '공부'는 뒤로 미뤄도 됩니다. 크게 웃고, 잘 놀아서 피곤할 정도로 놀이에 몰두하게 합니다. 그런 매일을 경험할 수 있는 것은 어릴 때뿐입니다. 자유롭게 풀어준다는 기분으로 아주 충분히 놀게 합니다.

놀이와 경험을 통한 배움은 놀랍습니다. 지식의 습득이 이렇게 이루어진다니 더 놀라울 따름입니다. 일례로 놀이 안에서 사회를 경험하고 규칙을 만들고 참고 견디는 힘을 배우며, 그 힘은 다른 배움과 호기심으로 번져갑니다.

그래서 우리 어린이집에서는 적극적인 놀이를 권장합니다. 몬테소리 교육이 놀이에서 출발한 만큼 다양한 놀이에 눈뜰 수 있도록 더 많은 신경을 씁니다. 이렇게 차곡차곡 성장을 이루어가면 초등학교에 입학하고 학습의 시기가 될 때 튼튼한 자양분을 만들 수 있습니다.

'공부'가 아니라 '배움'이 아이의 성장제입니다.

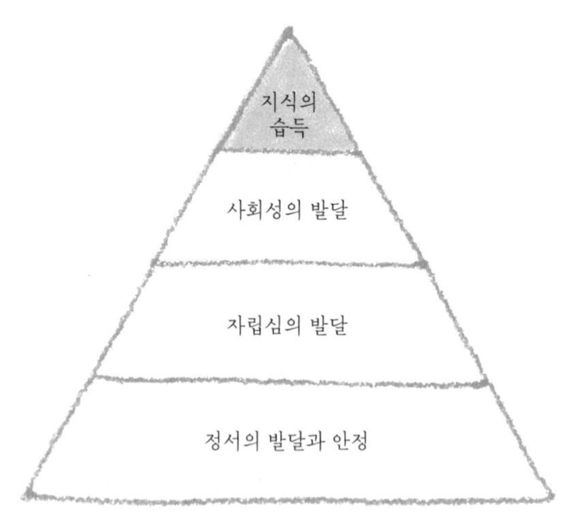

마음껏 놀고 경험하면서 지식을 습득하게 됩니다.

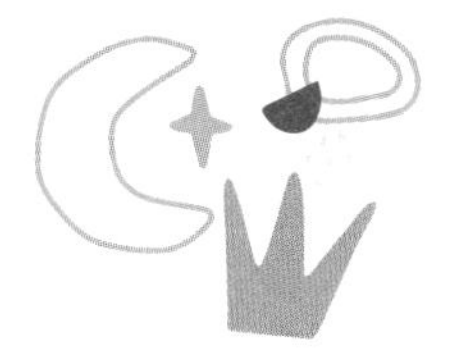

Part 4

상담 Q&A
'2,800명의 아이들,
60년의 육아 현장에서 깨달은 것들'

부모와 함께하는
육아 상담 이야기

지금까지 어린이집에 있었던 에피소드와 함께 몬테소리 교육을 접목한 '육아법', 아들러 심리학의 사고방식을 적용한 '대응법', 그리고 발달 삼각형을 기초로 한 '마음 성장의 단계'를 소개했습니다. 전부 제가 열심히 배우고 '이건 좋다'고 판단해 보육에 접목한 이론들입니다.

돌이켜보면 보육 현장에 뛰어든 이후, 정말 열심히 공부했습니다. 그건 저의 콤플렉스 때문이기도 했습니다.

보육교사가 되기 위한 전문 교육을 받은 것도 아니고, 태어난 지 얼마 안 된 둘째를 업고 자격증 공부를 해서 운 좋게 합격한 것뿐이라 늘 불안했습니다. '보육교사로서 중요한 기초가 없는 게 아닐까' '얄팍한 지식이 전부가 아닐까' '아이들에게 좋은 보육교사가 될 수 있을까' 하는 이런 고민들이 이어졌습니다.

그래서 보육교사로 일하기 시작하면서 부지런히 교육 연수를 받고 도움이 될 만한 강의를 찾아다니기도 하고 공부도 게을리하지 않았습니다.

또한 사람들 앞에서 말할 기회가 생길 때마다 책을 보며 지식을 쌓았습니다. 그것은 지금도 변하지 않았습니다. "우리 어린이집에서 가장 열심히 공부하는 사람은 오카와 선생님"이라는 말을 자주 듣는데 92세가 되어도 '여전히 부족하다'는 마음 때문입니다.

그런데 감사하게도 많은 부모님들이 제게 상담을 청해옵니다. "선생님, 시간 괜찮으세요? 우리 아이가……" 하고 의견을 구하는 것이지요.

보육 현장에서는 논리가 통하지 않고 육아서에 나와 있지 않은 '사건'이 매일, 매순간 일어납니다. 그런 '현장'을 수십 년간 지켜본 경험 많은 할머니 선생님이라면 뭔가 알고 있지 않을까 하는 기대감 때문일 것입니다.

그래서 수십 년에 걸쳐 해온 '육아 상담'을 공유하려고 합니다. '육아 상담' 가운데 특히 많았던 질문, 절실했던 고민을 떠올리며 써보았습니다.

물론 육아에 정답은 없습니다. 도움이 되는 내용도 있는 반면, '우리 아이에게는 맞지 않다' '나는 다른 방법으로 해보겠다'라고 할 수도 있습니다. 어디까지나 저는 이렇게 상담했다고 소개하는 것이니 어린이집 육아 수첩을 읽는 기분으로 봐 주었으면 합니다.

언젠가 아이를 키우다 고민이 생겼을 때, '그러고 보니 92세 보육교사가 이런 말을 했었지' 떠올려주는 것만으로도 충분히 기쁠 것 같습니다. 그럼 찬찬히 상담 내용을 펼쳐보겠습니다.

상담 1

아직 어린데
어린이집에 맡겨도 될까요?

⟶ 아이는 함께하는 '시간'보다 애정의 '밀도'로 성장합니다.

옛날에 비해 사회활동을 하는 어머니들이 크게 늘었습니다. 경제적인 이유로 일할 수밖에 없는 사람도 있고, 자신이 하고 싶은 일을 하는 사람도 있을 것입니다. 어느 쪽이든 '여성의 사회 진출'은 자연스러운 현상입니다. 가정 외에 자신의 능력을 펼칠 수 있는 세계를 갖는 것이 당연한 시대가 되었기 때문입니다.

'엄마'라는 역할만이 아닌, 자기 이름으로 사는 것은 고무적인 일입니다. 육아와 일을 양립하기 쉽지 않지만 이것이 멋진 삶인 것은 당연하지요.

단, 일을 하려면 아이를 돌보기 위해 육아의 지원을 받아야 합니다. 그래서 어린이집의 학기가 시작될 때는 어머니들의 얼굴에 하나같이 심각하고 복잡한 감정이 묻어납니다. '내가 선택한 길이지만 아이를 내 손으로 키우지 않아도 괜찮을까' 하는 죄책감을 읽을 수 있습니다.

특히 엄마 손이 많이 필요한 영아, 아직 아기 같은 2~3세 아이를 남의 손에 맡기려면 어쩔 수 없이 갈등이 생기기 마련입니다.

일하고 싶다거나 일해야만 하는 상황에서 '정말 그래도 될까' 싶어집니다. 어린아이를 남의 손에 맡기는 것은 나쁘다고 말하는 사람도 주변에 있으니까요. 그런 어머니를 보면 아이에게 "너는 사랑받고 있으니 감사한 일이다"라고 말해주고 싶습니다. 오랜 시간 아이들을 지켜보며 확신하는 것이 있기 때문입니다.

아이와 부모의 정을 키우는 것은 '시간'보다 '밀도'입니다. 같이 있을 때 얼마나 '좋은 시간'을 보낼 수 있나, 그것이 부모자식의 관계를 결정합니다.

그래서 같이 있는 동안에 마음껏 아이를 배려해주고, 웃고,

애정을 전하면 됩니다. 하원할 때 웃으며 달려오는 아이를 반기고 안아주면서 "기다려줘서 고마워. 많이 보고 싶었는데 잘 놀고 있어서 엄마 기분이 좋아" 하고 말해줍니다. 아이는 그것만으로도 마음이 채워지고 피곤함도 날아가 버립니다. 아이의 얼굴을 보면 보육교사는 알 수 있습니다.

그리고 어린이집에는 좋은 점이 많습니다. 하루 종일 아이가 놀이에 집중할 수 있고 사회성도 키울 수 있습니다. 집에서는 할 수 없는, 엄마가 상대하기 힘에 부치는 놀이도 어린이집에서는 전력을 다해 몰두할 수 있습니다. '아이에게는 놀이가 배움'입니다. 매일 충분히 배우고 있으니 안심해도 됩니다. 걱정하지 말고 어머니 자신의 세계를 개척해나가도 좋습니다.

또 하나, 우리 어린이집에 다니는 아이들의 보호자 중에는 "이곳에 아이를 맡기고 싶어서 일자리를 찾았어요!" 하는 사람도 있습니다. 맞벌이 가정의 아이가 어린이집에 들어가기 더 쉽기 때문입니다.

'아이만 힘들게 하는 게 아닐까' 이렇게 고민하지 말고 오히려 '이곳에 맡기고 싶다!' '아이도 좋아할 게 틀림없다!'고 생각되는 어린이집을 찾아보는 것이 더 좋은 방향일 것입니다.

부모가 믿을 수 있는 보육 기관을 찾는 것도 마음을 가볍게 하기 위해서 필요합니다.

물론 어린이집에 맡기지 않는 선택을 하는 사람도 많습니다. 아이가 '유치원에 다닐 때까지는 내 손으로 키운다'고 결심한 부모도 있습니다. 그 경우 역시 고민 끝에 내린 최선의 결정입니다.

아이를 어린이집에 맡길지 말지는 큰 문제가 아닙니다. 무엇보다 부모 스스로 납득할 수 있는 선택을 하는 것이 중요합니다. 그렇지 않으면 사랑스런 아이와 '좋은 시간'을 보낼 수 없습니다.

상담 2

밥을 안 먹거나 딴짓해서 식사 때마다 스트레스 받아요

→ "안 먹어!" 해도 편식해도 내버려두세요. 한 번으로 끝나는 일이 아니라 매일 일어나는 일이니 마음을 편히 갖는 게 좋아요.

"싫어, 안 먹어!"

이 말은 부모가 듣고 싶지 않은 말, 베스트5 안에 들지 않을까요?

'밥을 안 먹는다' '가리는 음식이 많다' '먹이려고 하면 "싫어" 하고 손으로 뿌리친다' '식사 때마다 우울해진다'

이런 고민들이 수도 없습니다.

그러나 "먹어!" 하고 야단치거나 억지로 먹게 하는 것은 좋지 않습니다. 애타는 마음으로 밥을 먹이려고 기를 쓸 필요는 없다고 봅니다.

"여기 둘게. 먹고 싶으면 먹어."

저는 그렇게 말합니다. 그리고 아이에게 맡기고 기다립니다. 아이에게 밥을 억지로 먹일수록 더 먹기 싫어하기 때문입니다.

꼭 먹이고 싶다면 아이에게 식사준비를 돕게 하는 방법도 있습니다. 아이가 직접 식탁 위에 컵과 포크를 놓습니다. 그 행동을 놓치지 않고 엄마는 "고맙다"고 말합니다.

'엄마가 좋아했다(엄마를 도왔다)'는 생각에 기분이 좋아져 자신도 거들었으니 '밥도 같이 먹어볼까' 생각합니다(물론 모두 그런 것은 아닙니다).

또, 식사와 관련해서는 '국에 밥을 계속 만다' '먹는 걸로 장난친다'는 고민도 많은데, 그 정도면 너무 신경 쓰지 않아도 될 것 같습니다. 분명 뭔가 실험하고 있구나, 음식에 흥미를 가졌나 보다, 하고 긍정적으로 받아들이는 것은 어떨까요. 국에 밥을 말면 뻑뻑하지 않아 먹기 쉽다고 깨달았을지도 모르니까요.

그렇지만 예의도 신경 써야 하니까 일단, “엄마(또는 아빠)는 그렇게 국에 밥 많이 넣는 거 안 좋아해” 하고 슬쩍 말해 봅니다. ‘너’가 아닌 ‘나’에 초점을 맞춘 의사 전달을 하는 것입니다.

‘예절 바른 아이’로 키우겠다는 마음으로 아이를 간섭하면 생활 자체가 힘들어집니다. 그 중에서도 식사는 매일하는 것인 만큼 스트레스를 받기 쉽습니다. 특히 기본에 충실한 부모는 너무 예민해지지 않도록 합니다.

아이가 스스로 생각하고 결정하기 위해 아이의 행동에 여유를 갖고 대처하는 것이 필요합니다.

‘꼭 해야만 하는 것’은 없습니다. 식습관 역시 정서적인 부분이 많이 반영되기 때문에 밥 먹는 시간이 괴로운 경험이 되지 않도록 조금 내려놓을 수 있어야 합니다.

상담 3

소변 가리기가 생각대로 안 돼요

→ 기저귀 떼기는 '훈련'이 아닙니다. 적당한 때가 되면 뗄 수 있어요.

기저귀 떼기. 4세 반부터 시작되는 '부모의 고민의 씨앗'입니다(최근에는 화장실 트레이닝이라고 부를 때도 많습니다). 어린이집 밖에서도 초보 부모를 대상으로 소변 가리기 강좌를 열어달라는 의뢰를 받을 정도입니다.

특히 첫아이인 경우는 어떻게 기저귀를 떼야 할지 상상도 안 됩니다. 아이가 세상에 태어나면서부터 밤낮을 가리지 않고 몇천 번은 갈았을 기저귀. 그 행위를 부모와 아이가 졸업하는 것입니다. 아이가 성장하고 자립하는 것이 느껴지면서 정신이 번쩍 들 수 있습니다.

그러나 무엇보다 말하고 싶은 것은, 기저귀 떼기는 '훈련'으로 가능한 것이 아닙니다. 아이 스스로 할 수 있게 '보조'해주면 됩니다.

그렇기 때문에 실패해도 너무 심각해질 필요가 없습니다. 20세가 되어도 기저귀를 하거나 중학교, 초등학교에 가서도 기저귀를 차고 다니는 아이는 없습니다. 제가 보아온 어린이집 졸업생 중에도 그런 아이는 없었습니다. 언젠가 반드시 뗄 수 있는 일입니다. 다만 지금이 시기가 아닐 뿐입니다.

태어나서 2년 넘게 원하는 때에 '기저귀에 쉬'를 해왔습니다. 실패하는 게 당연합니다. 소변을 담아두는 방광도 아직 덜 발달했기 때문입니다.

기저귀 떼기에 대해 부모가 고민하는 이유에는 언제 성공할지 알 수 없다는 막연함도 있을 것입니다. 4세 반이 되는 순간 '하나 둘 셋'에 모두 방광이 준비가 돼서 동시에 기저귀를 떼는, 그런 단순한 일이면 좋겠지만 그게 마음대로 되는 일은 아니지요.

어느 아이는 3세에 소변 가리기를 시작해 바로 성공했는데, 다른 아이는 5세가 되어도 아직 실패할 수 있습니다. 우리 아이가 '어느 아이'가 될지 '다른 아이'가 될지 그것은 해보지 않으면 모르는 일입니다.

저 역시 아들 셋이 전부 제각각이었습니다. 첫째는 순식간에 기저귀를 뗐는데, 지금 어린이집 원장을 맡고 있는 둘째는 쉽게 떼지 못해 고생했고, 막내는 밤에 오줌을 싸서 결국 "잠옷이 젖으면 빨아야 하니까 나는 알몸으로 잘래" 하고 말할 정도였습니다. 오래 전 일이라 웃으면서 말할 수 있지만 당시에는 큰 고민이었던 것 같습니다. 그래서 부모들의 고민이 충분히 이해가 됩니다.

그런 제가 많은 아이들을 지켜본 결과 한 가지 확실히 말할 수 있는 것이 있습니다.

아이의 소변 가리기 실패에 부모가 지나치게 민감하게 반응하면 기저귀는 쉽게 뗄 수 없다는 것입니다. 부모가 초조해할수록, 화낼수록 기저귀 떼기는 오래 걸립니다. 아이는 민감합니다. 부모가 화냈던 안 좋은 기억이 화장실과 연결되어 자기도 모르게 위축되는 것이지요.

어린이집에도 쉽게 기저귀를 떼지 못했던 아이가 있었습니다. 곧 6세가 되는데 아이의 어머니는 초조할 수밖에 없었습니다. 매일 "선생님, 어떡해요" 하고 제게 상담을 청했습니다. 그런데 어머니의 마음과 다르게 제가 느긋해 보였는지 "다른 어린이집으로 옮기겠다!"는 말까지 나왔습니다.

다른 어린이집에서는 시간을 정해서 모두 일제히 화장실에 가는 것으로 기저귀를 떼는 방식을 사용합니다. 스스로 '오줌이 마렵다'고 느끼기 전에 화장실에 가서 일단 방광에 모인 양을 배출해버립니다. 그렇게 하면 확실히 실패 확률은 떨어집니다. 그 어머니는 그런 식으로라도 기저귀를 꼭 떼게 해달라고 말했습니다.

신체 발달이 아직 미숙해도 아이도 엄연한 인격체를 가진 인간이기에 억지로 생리 현상을 강요하고 싶지는 않았습니다. 게다가 '배변 욕구의 타이밍'은 각자 다릅니다. 그래서 저는 아이 스스로 '왜 몸이 근질근질하지?' '화장실에 가고 싶은 건가?' 하고 몸으로 느껴야 한다고 생각했습니다. 그래서 우리 어린이집은 집단으로 화장실 가기는 하지 않습니다. 물론 실수를 해도 아이에게 뭐라고 하지 않습니다.

"쉬가 나와 버렸네? 다음에는 좀 더 일찍 화장실 가자."

그렇게 말하고 옷을 갈아입힙니다. 아이도 질책받거나 혼나지 않으니까 천연덕스럽게 반응합니다.

그러나 실수를 반복하면 창피하고, 옷이 젖으면 기분 나쁘다는 생각이 아이에게도 조금씩 싹트게 됩니다. 그렇게 해서 '화장실에 가고 싶다'는 감각에 민감해집니다. 실수했을 때의 대응법('다음에는 더 일찍 화장실에 가야지' 말하고 옷을 갈아입는 방법)을 가르쳐두는 것도 요령입니다.

그러면 앞서 말한 기저귀를 떼지 못한 그 아이는 어떻게 됐을까요?

아이가 6세가 되었을 때 어머니가 일이 바빠지면서 근무시간이 늘어남에 따라 변화가 생겼습니다. 일을 하느라 아이의 배변에 신경 쓰는 일이 줄어들자 별 문제없이 아이의 기저귀 떼기도 해결되었습니다.

놀랍지요? 아이는 이토록 스트레스에 솔직한 존재입니다.

상담 4

조용히 시키고 싶을 때 어쩔 수 없이 텔레비전을 보여주게 돼요

→ 텔레비전은 하루 2시간까지. 부모가 옆에 있으면 괜찮아요.

텔레비전과 게임, 휴대전화나 컴퓨터로 볼 수 있는 영상들. 이 시대에 어떻게 대처해야 할지 고민인 부모가 많습니다.

어린이집에서는 '마리아 언덕 통신'을 통해서 부모들에게 "3세까지는 가능한 텔레비전은 보여주지 마세요. 그 이후는 하루 2시간을 넘기지 마세요"라고 조언합니다. 물론 텔레비전 시청 시간은 짧으면 짧을수록 좋습니다.

많은 아이들을 지켜보면서 깨달은 것은 텔레비전과 스마트

폰에 빠진 아이는 언어발달이 늦거나 소통에 서툴다는 것입니다. 일방적인 메시지에 익숙한 아이가 살아 있는 생명체인 인간과 대화하며 소통하는 일을 어려워하는 것을 봅니다.

이 경우와 관련해서는 한 남자아이가 기억에 남습니다.

여름이 끝날 무렵 "아이와 대화가 잘 안 돼요"라며 담임 보육교사가 걱정을 전했습니다. 그때 아이의 나이는 6세였고, 일방적으로 재잘재잘 떠들고 말도 늦은 편은 아니었지만 말할 때 눈을 마주지치 않고 대화가 제대로 이루어지지 않는다는 것이었습니다. 그래서 아이의 어머니에게 집에서는 아이가 어떻게 지내는지 물어보았습니다.

어머니는 아이가 집에서 텔레비전 게임만 하고 거의 대화를 하지 않는다고 했습니다. 차를 타고 어린이집에서 집까지 가는 짧은 시간 동안에도 차 안에서 게임만 하고, 집에 가서도 식사나 샤워할 때를 제외하고는 계속 게임을 하고 있다는 것이었습니다.

담임 보육교사가 걱정한 사항인 대화가 통하지 않는 것이 그런 이유 때문일 거라고 생각해서 "게임 시간은 줄이고 아이와 대화하는 시간을 늘려보면 어떨까요?" 어머니에게 제안했습니다. 그러자 어머니는 "알겠어요, 선생님. 그런데 아이에게 무슨 말을 해야 하죠?" 하고 난처해했습니다. 어머니의 반응에 약간 놀랐지만 "뭐든 좋아요. '오늘 어린이집에서 누구랑 놀았어?' '급식은 어떤 메뉴가 맛있었어?' 하고 일단 여러 가지를 물어보세요"라고 조언했습니다. 또 이즈음의 아이들이 관심을 보이는 것은 무엇이고, 어떤 놀이가 좋은지 경험을 토대로 몇 가지 팁을 건네면서 대화의 재료를 주었습니다. 어머니는 저의 말에 수긍하고 바로 실행해주었습니다.

그다음에는 어떻게 됐을까요? 얼마 지나지 않아 아이는 다른 사람들과 문제없이 소통할 수 있게 되었습니다. 대화도 잘 되고, 말할 때 상대방의 눈을 쳐다보았습니다. 이렇게 효과가 확실하다니, 놀랄 정도의 변화였습니다.

마찬가지로, 초등학교 입학 전 신체검사에서 '대화가 안 된다'는 문제를 보인 아이가 있었습니다. 할아버지, 할머니가 아이를 돌보는 경우였는데, 아이를 돌보는 것이 힘에 부쳤는지 아이에게 DVD로 영상만 보여주었습니다. 아이에게 그런 방법이 문제가 된다는 것을 할아버지, 할머니에게 여러 번 말했는데 쉽게 바뀌지는 않았습니다.

교육위원회(교육에 관한 사무를 처리하기 위해 설치된 집행기관, 교육의 중립성을 확보하기 위해 지방공공단체장으로부터 독립해 지역의 교육행정을 관할하는 곳)에서 개선을 요구하자 그제야 진지하게 받아들여주었습니다. 그후로 많은 노력이 필요했습니다. 그렇게 반 년 가까이 DVD를 전혀 보여주지 않은 상태로 아이는 초등학교에 입학했습니다.

우리 보육교사가 학교를 방문하는 참관수업 때 아이의 담임 선생님에게 "어때요, 친구랑은 잘 지내나요?" 하고 묻자, "왜요, 무슨 일이 있었나요?" 하고 의아한 반응을 보였다고 합니다. 그만큼 아무 문제없이 학교생활을 잘해나가고 있었습니다.

두 경우 모두 아이에게 애정이 없는 가정이 아니었고, 문제가 있다는 것을 알자 개선을 위해 열심히 노력해주었습니다. 아마 아이에게 구체적인 방법으로 무얼 해주어야 할지 잘 몰랐고, 육아에 지치고 시간에 쫓겨 아이가 오랫동안 혼자 집중할 수 있는 게임을 시키고 DVD를 보여주었을 것이라 생각합니다.

하지만 영상 속에 존재하는 일방적인 내용만 대하게 되면 아이에게는 인간과 대화하는 힘이 키워지지 않습니다. 표정과 말 외에 분위기를 읽는 힘을 키울 수 없게 되는 것이지요.

또, 영상의 특징으로 아이가 영상을 보면서 단시간에 많은 정보량에 노출되는데 그것에 익숙해지면 스스로 생각하는 힘인 상상력도 키울 수 없습니다. 그렇게 되면 정보량이 적은 그림책은 시시하고 재미없어지고 자극적인 영상만 찾는 악순환에 빠집니다.

물론 텔레비전과 게임을 완전히 차단하라고는 할 수 없습니다. 식사 준비를 할 때, 바쁜 일을 처리할 때, 어쩔 수 없이 아이를 조용히 시켜야 할 때, "잠깐 보고 있어!" 하고 건네주면 도움이 됩니다. 부모도 아이에게만 매달릴 수 없고 생활을 해야 하니까 그런 점을 아예 무시할 수는 없습니다.

게다가 시대가 변해서 영상을 완전히 차단하는 것은 현실적인 방법이 아닙니다.

그래서 '영상은 하루 2시간까지'로 정하는 것이 바람직한 것 같습니다.

2시간이라고 하면 의외로 너그럽다고 생각할 수 있는데, 아침 저녁 1시간씩이면 적절한 허용 범위가 아닐까 싶습니다.

단, 그 시간 동안 아이 혼자 '멍하니' 보게 해선 안 됩니다. 말을 걸고, 가끔 옆에 앉거나 아이를 무릎에 앉혀 '같이' 즐기는 것이 좋습니다.

사실은 저도 게임을 좋아합니다. 매일 밤 잠들기 전에 블록

퍼즐 게임을 합니다. 이러다 혈압이 오르지 않을까 싶을 만큼 열중하고, 목표 점수에 갈 때까지는 잠을 잘 수 없을 정도입니다. 하지만 2시간씩 게임을 하는 것도 아니고, 그리고 이미 나이가 90이 넘었으니 좀 해도 괜찮다고 스스로를 안심시킵니다.

상담 5

아이를 학원에 보내려는데, 무얼 시켜야 하나요?

⟶ 아이가 '하고 싶어 하는 것'으로, 최고의 선생님을 찾으세요.

학원은 아이가 '하고 싶다'면 시작하고, '그만두고 싶다'면 그만둡니다.

아빠, 엄마는 특히 '그만두는 것'에 엄격합니다. '힘들게 여기까지 왔는데 좀 더 하자' '중간에 그만두면 시작하지 않는 것보다 못하다'고 생각하고 버티는 경향이 있습니다. 하지만 마지못해 계속해도 좋은 결과는 낼 수 없습니다. 의욕이 없는 아이는 연습에 집중하지 못하고 건성으로 하게 됩니다. 이

상할 만큼 실력이 붙지 않습니다.

또, 가끔 '자신이 하고 싶었던 것을 아이를 통해 대리만족하는 부모'를 볼 수 있는데, 이것만큼은 절대 해선 안 됩니다. 굉장히 우려스러운 부분입니다. 그런 의도는 아니겠지만 아이의 인격을 무시하는 것과 같기 때문입니다.

아이는 내가 아닙니다. 아이의 자발적인 의지인 '하고 싶다'는 기분을 최대한 존중해주세요.

어릴 때는 자신이 하고 싶은 것에 몰두하게 합니다. 학원은 아이가 의욕을 갖고 설레는 마음으로 다녀야 합니다.

또, 뭔가 새로운 것을 배우기 시작할 때는 '아이의 취미'라고 가볍게 여기지 말고, 가능한 가장 좋은 선생님을 찾는 것이 좋습니다. 여기에는 두 가지 이유가 있습니다.

첫째, 삼류 선생님은 삼류 기술밖에 가르치지 못합니다. 굳이 말하지 않아도 알 것입니다.

둘째, 최고의 선생님은 인간성도 갖추고 있습니다. 좋은 선생님일수록 뛰어난 기술을 갖고 있으면서도 못하는 사람을 이해하고 다독여줄 수 있습니다. "왜 이런 것도 못하냐!"고 아이를 상대로 화내지 않습니다. 아이에게도 자상하고 정중하게 배움의 매력을 충분히 알려줍니다.

"좋은 선생님 밑에서 자란 싹은 크고 굵게 성장한다."

이것은 제가 경험을 통해 안 것입니다. 사실은 저도 최고의 선생님을 만나 평생의 배움을 얻었고 그 경험이 인생을 풍요롭게 했습니다.

제가 어렸을 때 저의 어머니는 '아이가 춤추는 걸 좋아한다'고 생각해 저를 일본 부토(극도로 정제된 몸짓으로 다양한 감정을 표출하는 일본에서 탄생한 현대 공연 예술의 한 장르)의 창시자인 무용가 이시이 바쿠 선생님의 무용 연구회에 보내주었습니다. 8세까지 그곳에 다녔는데 그때 이시이 선생님에게 춤을 배울 수 있었던 것은 인생에서 정말 큰 행운이었다고 생각합니다.

지금도 40세 때 알게 된 리트미크에 몰두하고, 더 잘하고 싶은 마음에 도쿄로 연습을 다닐 정도로 열정을 보이는 것은 선생님에게 춤을 배웠던 경험 덕분입니다. 이시이 선생님이 가르쳐준 '춤의 매력'이 마음 깊은 곳에 남아 있기 때문에 '리트미크를 해보자'고 결심할 수 있었습니다.

또, 리트미크를 시작했을 때 이상하게 익숙하고 정겹다고 느꼈는데 알고 보니, 일본에 리트미크를 소개한 사람이 바로 이시이 선생님이었습니다. 어렸던 저는 단지 '춤'이라고 생각했지만 선생님의 레슨에도 리트미크의 요소가 포함되어 있었던 것이지요. 그 경험은 제게 '평생의 배움'이 되었습니다. 어떤 것에 몰입할 때의 희열을 아주 충분히 맛볼 수 있었습니다.

상담 6

영어교육을 시켜야 할지 고민이에요

→ 아이의 상상력을 키우려면 우선 '모국어' 실력을 키워 주세요.

"어릴 때는 영어보다 모국어 어휘를 3,000개 익히는 것이 중요합니다."

공부를 위해 참석한 강연회에서 한 학자가 이렇게 말했습니다. 영어 학습에 대해서는 의견이 분분한데, 저 역시 이 학자와 생각이 같습니다.

아이들의 '그 후' 성장을 지켜보면서 영어공부는 서두르지 않아도 된다고 생각합니다. 그래서 우리 어린이집에서는 영어

교육은 시키지 않습니다.

그러나 아이에게 어떤 교육을 시킬지 결정하는 것은 부모입니다. "절대 영어교육을 시키지 마세요!"라는 단언은 하지 않습니다.

단지 제 생각은 그렇습니다. 감수성이 풍부할 때 모국어의 다양한 표현을 알려주고 싶습니다. 그것이 아이의 상상력을 키우기 때문입니다.

『어떻게 하면 좋지?』(와타나베 시게오 글, 오오토모 야스오 그림)라는 그림책이 있습니다.

아기 곰이 실수로 셔츠를 발에 끼우고, 신발을 머리에 쓰는데 그때마다 "어떻게 하면 좋지?" 하고 고개를 갸웃거립니다. 그러다가, "맞아 맞아, 셔츠는 이렇게 입는 거지" "맞아 맞아, 신발은 신는 거지" 하고 생긋 웃으며 외출합니다. 그 모습이 귀여워 아이들이 좋아하는 그림책입니다.

출판사 관계자에게 들은 이야기인데, 『어떻게 하면 좋지?』를 미국에서도 꼭 출간하고 싶다는 제안을 받았지만 영어로 번역하면 의미 전달이 어려워서 출판은 성사되지 않았다고 합니다.

영어는 '입다' '신다' '쓰다'가 전부 'Put On'입니다. 책에서 가장 중요한, 아기 곰의 실수라고 할 수 있는 "맞아 맞아, 셔츠는 이렇게 입는 거지" "맞아 맞아, 신발은 신는 거지"를 표현할 수 없습니다. 말의 재미, 나가서는 그림책의 매력을 전달할 수 없었던 것이지요.

책을 읽어주면 아이들도 단어가 갖는 느낌을 이해하고 그 모습을 상상하는 것이 느껴지기 때문에 다양한 표현의 어휘를 들려주고 있습니다. 그래서 우리가 있는 보육 현장에서는 모국어의 습득을 중시하고 있습니다. 언어를 통해 자신의 세계를 구체화시킵니다. 아이들이 아름답고 재미있는 어휘를 많이 접해 상상력이 풍부한 사람이 되기를 바랍니다.

상담 7

집중력이 없고, 조용히 해야 하는 장소에서 시끄럽게 떠들어요

→ 게임 감각으로 전환시켜보는 건 어떨까요. 즐기면서 집중할 수 있도록 유도하면 됩니다.

우리 어린이집에는 일주일에 한 번, 리트미크 시간이 있습니다. 이때 아이들이 주위를 두리번거리고 어수선해질 때가 있습니다. 의식이 분산되어 집중하지 못하곤 합니다. 그럴 때 제가 사용하는 것이 북입니다.

처음에 "북 소리가 나면 자리에서 일어나세요" 하고 북을 울립니다. 그럼 아이들은 웅성거리면도 재미있다는 듯이 자리에서 일어납니다. "다시 한 번 북 소리가 나면 자리에 앉아요" 하고 다시 북을 울립니다. 그럼 아이들은 소리에 집중하기 시작합니다.

그렇게 쿵, 쿵, 쿵, 쿵, 북소리에 맞춰 일어섰다 앉았다를 반복합니다. 그다음은 북을 치려다 도중에 멈추고 "소리가 나지 않으면 움직이지 않아요" 하고 말하면 아이들은 더 재미있어 하며 소리에 집중합니다.

또, 북과 함께 손뼉도 치게 합니다. 짝, 짝, 짝, 손뼉을 치다가 이번에도 도중에 멈춥니다. 집중하지 않으면 잘못해 짝, 하고 손뼉을 쳐버립니다.

"아, 백점이 안 됐네. 세 번 연속해서 백점 받으면 리트미크를 시작할 거예요" 하고 말하면 아이들은 눈을 반짝거리며 집중해서 이쪽을 봐줍니다.

그렇게 집중했을 때 리트미크 수업을 시작합니다. 집중할 준비가 되어 있기 때문에 수업 중에도 좋은 긴장감(소리를 듣는 감각이 예민해집니다)이 유지됩니다.

"여기 봐!"

"자, 조용히 해!"

진행에만 목표를 두고 거친 말투로 명령해버리면 기다렸던 모처럼의 수업이 재미없는 시간이 되어버립니다.

반면에, 이런 식으로 '어떻게 하면 게임처럼 즐길 수 있을까' 방법을 고민하면 산만한 아이도 강제가 아닌, '스스로' 주목해줍니다. 지적을 받아 따르는 것이 아니라 '조용히 하고 선생님을 보자'고 스스로 결정하는 것이지요. 아이는 명령하면 반발하지만 놀이로 하면 기꺼이 따라줍니다.

강제성과 자발성, 북풍과 태양의 이치처럼 어떻게 하면 아이 스스로 움직일 수 있게 유도할까를 항상 생각합니다.

간단한 문제는 아니지만, 이 방법 저 방법 고민하는 과정도 즐거움일 수 있습니다. 가정에서도 어느 곳에 게임 감각을 넣을 수 있는지 지혜를 짜보는 것도 큰 의미가 있을 것입니다.

상담 8

우리 아이는 성장이 느려요, 너무 얌전해요, 난폭해요

→ 성장도 개성도 아이마다 다릅니다. 또, 고정된 것이 아니라 자꾸 변합니다.

'어머, 우리 애가 주위 애들보다 훨씬 작아.'

'저 아이는 저렇게 말을 잘하는데 우리 애는 단어 나열이 고작이야.'

'또 친구 장난감을 뺏었어. 이러다가 미움받지 않을까?'

이렇게 아이를 키우다 보면 마음 편할 날이 없습니다. '우리 아이, 괜찮을까' 수도 없이 한숨을 내쉽니다.

그러나 아이의 개성은 제각각입니다. 모든 아이가 똑같이 행동하지 않고 똑같은 속도로 성장하지 않는 것이 당연합니다.

한두 명의 '내 아이'만 보면 깨닫기 어렵지만 어린이집에서 그것도 2,800명의 아이를 지켜보면 피부로 느낄 수 있습니다.

그리고 한창 아이를 키울 때는 실감하기 어려운데 아이는 같은 곳에 머물지 않습니다. 할 수 있는 것이 늘어나고 성격과 특징도 계속해서 바뀝니다. 따라서 지금의 모습만 보고 판단하는 것은 괜한 걱정일 뿐입니다.

가령, 아이들 '사회'에서는 5세 정도가 되면 '대장'이 생깁니다. 대장 자리에는 몸집이 크거나 말을 잘하거나 힘이 센— 한 마디로, '성장이 빠른 아이'가 그 자리에 앉기 쉽습니다. 대장을 대하는 방식은 저마다 다릅니다. 맞서려는 아이, 얌전히 말을 듣는 아이, 대장이 다가오면 재빨리 도망가는 아이, 다양합니다. 어른과 마찬가지로 다양한 아이들이 모여 사회를 이루는 것입니다.

그러나 7세 정도 되면 다른 아이도 성장합니다. 성장의 차이가 좁혀지고 각자 잘하는 것도 생겨납니다. 몸은 작아도 말을 잘하는 아이도 나타나고, 그림을 잘 그리는 손재주 좋은 아이가 눈에 띄고, 얌전했던 아이가 "하지 마!" 하고 주장하기 시작합니다. 그럼 상대적으로 대장의 입지가 약해집니다. 지금까지 자기를 따랐던 아이와 위치가 역전되는 상황도 생깁니다. 그리고 어린이집을 졸업할 즈음에는 이러한 '대장'이 없어집니다. 매해 지켜보는데 정말 흥미롭습니다.

이렇듯 아이들은 매일매일 성장하고 바뀝니다. 그것이 아이입니다.

공격적이었는데 예의 바른 아이가 됩니다. 소극적이었는데 리더십이 생깁니다. 어릴 때는 밥도 잘 안 먹고 작고 약해서 부모가 걱정했는데 180센티미터가 넘는 건장한 럭비 선수로 성장한 아이도 있습니다.

'이 아이는 이런 성격인가 보다' 짐작하는데, 사실은 알 수 없습니다. 수없이 변하는 과정을 거치기 때문입니다.

어린이집에 다니는 동안에도 바뀌고, 졸업한 아이가 중학생, 고등학생, 대학생이 되어 어린이집에 놀러왔을 때 깜짝 놀랄 만큼 달라진 경우도 있습니다.

지금 이 순간만 보고 '우리 아이, 괜찮을까' 걱정하고 심각해질 필요가 전혀 없습니다. 앞으로 어떻게 바뀔지 알 수 없습니다. '그 아이만의 성장'을 하기 때문입니다. 많이들 하는 말이지만 정말 맞는 말입니다. 긴 안목으로 지켜보세요.

상담 9

어떤 그림책을 골라야 하는지 알려주세요

→ 정답은 없습니다. 단, 그림책으로 아이를 교육시키려고 하면 안 돼요.

아이들을 잘 돌보기 위해 지금까지 제 나름대로 열심히 노력해왔습니다. 그중에서도 특히 그림책에 많은 관심을 기울였습니다.

아이는 원래 그림책을 좋아하기도 하지만, 우리 어린이집 아이들은 하루에도 몇 번씩, 아니 어떨 때는 하루 종일 "선생님, 책 읽어줘요!" 하고 조릅니다.

'그림책이 좋다!'는 아이들을 많이 봐서일까요. 그림책과 관련해 상담해오는 부모들이 유독 많습니다. 저 역시 그림책에 관해서는 하고 싶은 말이 많습니다.

'그림책'에 관련된 질문 가운데 가장 많은 것이 "어떤 그림책을 골라야 하는지 알려주세요"입니다.

미리 말해두지만 '교육에 좋은 그림책'이라는, 이상적인 책은 없습니다. 그래서 "그림책을 교육에 활용하자는 생각은 하지 마세요" 하고 늘 말해둡니다. 그림책은 어디까지나 부모와 아이가 함께 '즐기면서 읽는 책'이라고 생각합니다.

교육을 시키는 데 좋지 않을까, 혹은 독서가로 키우고 싶다, 하는 목적을 가지면 아이에게 금방 들통이 납니다.

교육열이 강하고 열정적인 부모일수록 그림책을 읽으면서, "어머, 꽃이 많이 폈네. 빨간색 꽃은 몇 개야?" 하고 '테스트' 하거나 다 읽고 나서, "역시 형제는 사이좋게 지내야 해, 알았지?"라며 '도덕 공부'를 시킵니다.

그러나 내가 아이라면 그런 책읽기는 재미없지 않을까요? 책을 다 읽으면 "아, 재밌다" 하고 끝내면 됩니다. 그림책을 읽는 방법도 그렇습니다. 정답이 정해진 것이 아니기 때문입니다.

제가 권하는 것은 이것입니다. 부모가 즐기면서, 부모 방식대로 읽으면 됩니다.

단, 쉽지 않은 것이 아주 어린아이 대상의 스토리가 없는 그림책입니다. 어떻게 읽어야 할지 몰라서 자신이 없다는 부모들도 가끔 봅니다.

그런데 이런 그림책들은 어른은 도무지 어떤 의미인지 몰라도 아이는 "너무 좋아!" 할 정도로 꺄르륵, 소리 지르며 재미있어 합니다. 아이의 반응을 보면서 읽는 속도를 조절하고, 높낮이를 다르게 하고, 리듬을 줍니다. 이런 시행착오가 필요합니다.

"선생님, 바로 그게 잘 안 돼요" 하는 사람도 있을 것입니다. 그런 사람은 너무 잘 읽으려고 욕심 부리지 않았으면 합니다. 그저 아이가 읽어달라고 하면 자연스럽게 읽어주면 됩니다. '부모가 직접 읽어주는 것만으로도 의미가 있다'고 생각하면 좋습니다.

상담 10

제가 좋아하는 그림책을 읽어주어도 될까요?

→ 10년 넘게 읽히는 책들 가운데 부모가 좋아하는 것으로 읽어주세요.

그림책 관련해서는 기억에 남는 에피소드가 있습니다.

『흰 아기 곰 시로의 핫케이크』(와카야마 켄 지음)에는 두 가지 추억이 있어서 들려드리고 싶습니다.

첫 번째는 그림책을 읽고 난 후 아이가 던진 한 마디 때문이었는데요.

"선생님, 흰 아기 곰은 앞치마가 세 개예요."

"어, 그래?"

다시 책을 보니 정말 아이 말대로였습니다.

핫케이크를 만들 때는 오렌지색 앞치마, 핫케이크를 먹을 때는 초록색 앞치마, 설거지를 할 때는 파란색 앞치마를 하고 있었습니다. 저는 그 책을 20년 가까이 읽었는데도 전혀 눈치를 채지 못했습니다. 어른은 책을 읽는 데 집중하다 보니 어쩔 수 없이 글자에 눈이 가는데, 아이는 역시 전체적인 분위기와 그림을 보는구나, 새삼 감탄했지요.

두 번째는, 스스로 반성했던 일입니다. 책 속의 시로가 완성한 핫케이크는 전부 4장이라서 매번 핫케이크를 '뚝' '사르르' '사르르' '파작파작' 하고 굽는 장면이 네 번 반복해서 나옵니다.

한 번은, 점심시간 직전에 한 아이가 『흰 아기 곰 시로의 핫케이크』를 들고 오더니 "선생님, 이거 읽어주세요" 하고 말했습니다. 곧 점심시간이라 시계를 힐끗거리면서 '계속 기다리라고 하는 것도 미안하니 후딱 읽어주자'고 생각하고 책을 펼쳤습니다.

네 번 반복하는 핫케이크 굽는 장면 중에서 두 번째를 읽으려고 할 때 "그만할래요" 하고 아이가 말했습니다.

"어? 원래 네 번인데, 왜 그만해?"

아이에게 물으니 아이는 재미없다는 듯, "오늘 핫케이크는 맛이 없는 것 같아요"라는 말을 했습니다.

제가 집중해서 책을 읽지 않는 것을 아이가 알아버렸던 것입니다. 사람들에게 이 이야기를 하면 핫케이크가 "맛이 없다"고 말한 아이의 표현력에 놀라곤 합니다. 아이는 이 정도로 민감하고 뛰어난 감수성을 갖고 있습니다. 이 에피소드를 교훈으로, 아이가 책에 흥미를 갖게 하려면 역시 읽는 사람인 부모 자신이 그림책 읽기를 즐겨야 한다는 것을 깨닫게 됩니다.

부모가 '재미있다' '귀엽다' '좋은 이야기다' 하는 긍정적인 기분으로 읽으면 아이도 눈을 반짝거리며 적극적으로 이야기를 들어주게 되지요.

그래서 저는 아무리 좋다는 책도 기분이 내키지 않거나 제가 좋아하지 않으면 읽지 않습니다. 억지로 읽으면 아이들에게 제 기분이 그대로 전해지기 때문입니다. 그림책은 자신이 끌리는 것을 선택하는 것이 가장 좋습니다.

상담 11

그림책의 난이도를 어떻게 정해야 할까요?

→ 그림책은, '어려운 것'은 있어도 '쉬운 것'은 없어요.

그림책 뒤표지를 보면 책읽기 대상 연령이 쓰여 있습니다. 이것도 책을 고를 때 기준이 되지요. 아이에게 적당한 그림책은 어느 것인지 참고하는 사람도 많습니다.

물론 그것도 기준이 되지만, 저는 '어려운 그림책은 있어도 쉬운 그림책은 없다'고 생각합니다.

가령, '7~8세용' 책을 4세에게 읽어주면 어떻게 될까요? 금방 따분해합니다. 얼굴을 획 돌리고 어디론가 가버립니다. 4세 대상과 7세 대상의 책은 글자와 그림의 균형, 스토리의 복

잡함이 다릅니다. 4세는 7세용 그림책이 갖는 재미를 이해하지 못할 때가 많습니다.

그러나 재미라는 점에서는 그 반대입니다.— 즉, 7세에게 4세용 그림책을 읽어줘도 됩니다. 얇고 단순한 책도 5세에게 읽어주면 관심을 갖고 좋아합니다.

"우리 아이는 그림책에 흥미가 없어요."

"책을 읽어줘도 금방 어디론가 가버려요."

그런 경우는 아이보다 높은 연령대의 책을 골랐을 수도 있습니다.

"일단, 아이가 어릴 적 읽었던 책을 꺼내서 읽어보면 어떨까요?"

그렇게 조언하면, 다음에 만났을 때 "선생님, 이제는 아이가 먼저 그림책을 읽어달라고 해요" 하고 전해옵니다.

"선생님, 우리 애가 석 달 내내 『코끼리군의 산책』(나카노 히로타카 글·그림)만 빌려와요. 다른 그림책에는 관심이 없는데 괜찮을까요? 걱정이에요."

부모 입장에서는 아이가 다양한 책을 읽기를 바랄 것입니다. 많은 단어를 접하고 세계를 넓혀갔으면 하지요. 국내 그림책부터 해외 그림책까지 다양한 색채를 보고 느끼기를 바랍니다. 그런 욕심이 생기게 마련입니다.

그러나 아이가 좋아하는 책이 있다는 것은 그만큼 마음이 성장했다는 의미입니다. 그림책뿐 아니라 '이것이 좋다'고 자기 의사로 선택한다는 증거이기도 하고요. 자신의 '취향'이 확실해진 것입니다.

아이의 그런 기분을 최대한 존중해서 그림책을 골라준다면 선택이 쉬울 것입니다 .

상담 12

그림책을 읽어달라고 들고 오는데 끝까지 듣지 않아요

→ 그림책은 소통의 도구입니다. 아이가 건네는 대로 읽어주세요.

한 번은 보육교사 일지에 "그림책을 읽어달라고 갖고 오는데 막상 읽기 시작하면 바로 일어나서 다른 책을 가져옵니다. 어떻게 해야 할까요"라고 쓰여 있었습니다.

어떤 상황인지 알기에 웃음이 났습니다. 자주 겪는 일이기에 눈에 선합니다. 어째선지 아이는 그런 행동을 반복합니다. "읽어줘요" 또는 "이거요" 하고 새로운 책을 어른에게 건네고 읽어주는 것을 듣습니다. 그 소통 자체를 즐기는 것일 수도 있지요.

어른은 '책은 끝까지 읽어야 한다'는 의식이 있어서 "끝까지 들어야지" 하고 아이를 주의시키지요.

그러나 그럴 때는 아이가 '건네는 대로' 받아주세요. 차례로 건네는 그림책을 읽어줍니다. 아이가 만족해할 때까지 응해줍니다.

집중력이 없다고 걱정하는 부모도 있는데, 절대 그렇지 않습니다. 끝까지 읽을 기분이 아닌 것뿐이지요. 혹은 생각했던 것보다 내용이 재미없었을 수도 있고, 읽어주는 사람이 집중해서 읽지 않는 것이 들통나서일 수도 있습니다. 애당초 아이가 그냥 좋아하는 표지의 책을 가져왔을지도 모릅니다. 어쨌거나 큰 의미는 없다는 말입니다.

그림책은 육아에 꼭 필요한 필수품이 아니라, 아이와의 소통을 위한 도구입니다.

'이야기는 전혀 읽지 못했지만 많은 그림책을 주고받았다.'

이것으로 아이와 충분한 소통을 했다고 생각해주세요.

Part 5

부모에게
꼭 들려주고 싶은 이야기

'좋은 부부' 사이가 최고의 육아 환경

지금까지 육아에 대한 다양한 생각을 전했는데 보육교사의 관점이 아니라 100년 가까이 살아온 한 사람의 시선으로 전하고 싶은 말을 하려고 합니다. 인생의 선배로서 아이들만큼이나 많은 엄마, 아빠를 봐왔기 때문에 이렇게 말을 전한다고 이해해주면 좋겠습니다.

저는 보육과 마찬가지로 인생에서도 '하지 않으면 안 된다'는 사고방식을 가능한 없애고 싶습니다. 하고 싶은 것을 우선시하며 자유롭게 살고 싶습니다. 삶을 살아가는 데 그 편이 훨씬 즐겁기 때문입니다. 이것은 엄마, 아빠에게도 바라는 점입니다.

특히 '부모니까 해야만 하고, 무엇을 하면 안 된다'고 참고 견디는 것이 얼마나 스스로를 옭아매고 힘든 일인지 말하고 싶습니다. 예를 들면, '부모는 아이 앞에서 항상 웃어야 한다'고 말하는 사람도 있는데 부모는 신도 아니고 로봇도 아닙니다. 한 사람의 인간이지요. 몸이 아플 때도 있고 기분이 안 좋을 때도 있습니다. 상대가 아이라도 항상 좋은 얼굴만 보이는 것은 불가능한 일입니다. 인간적인 일도 아닙니다.

그러나 부부싸움만큼은 다릅니다. 부부싸움은 가능한 아이에게 보이지 않는 것이 좋습니다.

물론 살다 보면 갈등을 빚고 언쟁을 할 때도 있습니다. 마음에 들지 않는 경우도 있을 것입니다. 참고 이해하기보다는 그 기분을 전달해 해결하는 일도 중요합니다.

하지만 감정이 격해져서 상대에게 목소리를 높이고 싶어도 잠시 심호흡을 하고 나서 아이가 없는 장소를 선택해서 말해야 합니다. 좋아하는 엄마, 아빠가 가시 돋친 말을 주고받거나 험악하게 싸우거나, 최악의 경우 몸싸움을 하는 것을 보는 것은 아이에게 큰 스트레스가 되고 지울 수 없는 상처로 남습니다. 아이에게 가장 큰 불안을 가져오지요. 전날 집에서 안 좋은 일이 있었던 아이는 어린이집에서도 금방 표가

납니다.

갈등이 있어도 어른들이 이 문제를 어떻게 해결하는지 지켜보는 것도 아이에게는 삶의 배움입니다. 불가피하게 부부싸움하는 모습을 보였다면 갈등을 해결하는 과정도 아이에게 설명해주세요.

그래도 부부의 갈등을 해결하지 못하고 끊임없이 분노하고 상처를 내는 상황이라면 아이를 위해서라면 차라리 '헤어지는 것은 어떨까?'라는 생각이 듭니다. 과격한 발언일 수 있습니다. 반복적으로 표출된 갈등은 그만큼 아이에게 상처가 되기 때문에 이해해주기 바랍니다.

예전에 오랜 가정 폭력 끝에 이혼한 한 엄마가 있었습니다. 그녀의 아이는 유난히 어른들의 안색을 살폈습니다. 그 아이를 볼 때면 "괜찮아, 그렇게 눈치 안 봐도 돼" 하고 안아주고 싶을 만큼 우리의 얼굴과 주변 분위기를 계속 살폈습니다.

가정 폭력뿐 아니라 아이를 위축하게 만드는 환경은 바람직하지 않습니다. 아이 문제를 상담하다 보면 부부 사이의 갈등이 뿌리 깊게 자리하고 있는 경우를 많이 봅니다. 수십 년이 지난 지금도 어린아이에게 드리워진 그 쓸쓸한 눈빛을 잊을 수 없습니다. 이 세상에서 몇 년의 삶을 산 것이 고작인데 모든 것을 체념한 듯한 눈빛을 떠올리면 마음이 먹먹해집니다.

아이에게 가장 훌륭한 육아는 단언컨대 건강한 부부 사이입니다. 인생은 다양한 변주의 연속입니다. 기쁨과 슬픔이 리듬을 타고 인생 안에 흘러듭니다. 아이를 잘 키우기 위해 '나는 행복한지' '우리 부부는 어떤 삶을 향해가고 있는지' 돌아보았으면 합니다. 어려운 상황에 놓여 있다면 또 바뀔 수 있는 여지도 얼마든지 있습니다. 그런 마음으로 인생을 풍요롭게 하는 관계를 만들어갔으면 좋겠습니다.

‘엄마와 아이 + 아빠’에서 ‘부부와 아이’의 시대로

시대의 흐름에 따라 ‘여성의 삶과 생활방식’은 크게 달라졌습니다.

옛날에는 자녀가 네 명, 다섯 명인 가정이 보통이었고 많은 경우는 열 명도 드물지 않았습니다. 그만큼 여성의 삶에서 육아가 차지하는 기간이 매우 길었습니다. 막내가 결혼해 집을 떠날 즈음이면 엄마는 대략 60세. 평균 수명도 지금보다 짧아서 부부 둘이 지내는 인생이 그다지 길지 않았습니다.

그러나 최근에는 부부 한 쌍이 갖는 자녀의 수가 줄었습니다. 초산연령이 높아졌다고는 하지만 자녀가 자립해도 현역으로 일하는 경우가 많습니다. 또, 평균수명도 늘어나 이전에 비해 부부 둘이 보내는 시간이 길어졌습니다.

지금 이 책을 읽는 부모님들은 자신의 생활과 의식에서 아이가 대부분을 차지할 것입니다. 그러나 아이들은 언젠가는 자립해 부모 곁을 떠나기 마련입니다.

언젠가 '엄마'와 '아빠'라는 역할이 더 이상 생활의 중심, 자신의 중심이 아닐 때가 온다는 뜻이지요. 그러나 '아내와 남편'의 관계는 죽기 전까지 계속됩니다. 그래서 더욱 친밀한 관계를 쌓아야 합니다.

최근에는 육아휴직을 하는 아빠가 늘었고, 아이의 어린이집 등하원을 부부가 분담하는 가정도 많습니다. 육아를 엄마 혼자 하지 않고 부부가 같이 합니다. 그것은 옛날에 비해 많이 달라진 모습이지요.

돌아보면 변화의 속도는 점점 빨라지는 것 같습니다. 예전에 비해 피부로 느껴지는 것이 다릅니다. 사회 변화에 따라 육아 환경도 당연히 달라지는 것이지요. 엄마에게 집중되던 육아의 비중은 점차 아빠와 균형을 이루어가는 것이 느껴집니다. 아빠가 요청하는 육아 상담도 급격하게 늘었습니다.

많은 아이들을 보면서 느끼는 건데 엄마와 아빠, 한쪽에 치우친 육아 환경보다 부모가 균형을 이룬 육아 환경이 다양한 면에서 아이에게 긍정적인 자극을 주는 것은 분명합니다. 신체놀이도 그렇고, 사회적 개념을 형성하는 점에도 그렇습니다. 이제 육아는 엄마만의 몫이 아닙니다.

이제는 '엄마와 아이' 가끔 '아빠'라는 형태에서 '부부와 아이'라는 형태의 가족으로 바라봐야 합니다. 그것은 틀림없이 꼭 필요한, 또 당연하게 자리 잡을 문화입니다.

마음이 이끄는 대로
하고 싶은 일을 즐기자

아이들은 제가 담당하는 리트미크 시간을 좋아해서 "다음 리트미크는 언제 해요?" 하고 자주 묻습니다. 최근에는 허리가 아파 가끔 쉴 때가 있는데 아이들이 많이 아쉬워합니다.

제가 리트미크를 시작한 것은 40세가 넘어서입니다. 도쿄의 국립음악대학에서 여름방학 때 개최하는 연수 안내를 받은 것이 계기였습니다. 연수를 일주일이란 긴 시간 동안 받아야 하는 것과 무엇보다 많은 나이 때문에 주눅이 들어 한동안 고민했던 터였습니다.

'작년보다 한 살 더 먹었네. 지금이 인생에서 가장 젊으니까 해보자.'

그렇게 생각하고 용기를 내서 연수를 받았습니다.

연수에 가보니 참가자들의 대부분은 역시나 20대였습니다. 저는 가장 나이가 많은 참가자였습니다. 창피하기는 했지만 막상 강습이 시작되자 왠지 정겹게 느껴졌습니다. 의외로 쉽게 적응했고 리트미크의 매력에 빠져 매달 수업을 들으러 다녔습니다.

리트미크 시간을 '아이들이 좋아한다'고 했지만 결국은 제가 제일 설레고 좋아합니다. 이렇게 푹 빠질 수 있는 것이 있어서 매일이 즐겁습니다.

줄곧 '아이의 의욕이 중요하다'고 강조했는데 어른도 마찬가지입니다. 부모의 의욕과 꿈은 아이에게 전달됩니다. 지금 하고 싶은 것이 무엇인지, 무엇을 꿈꾸는지, 어떻게 이루려고 하는지 아이에게 말해보세요. 아이 역시 인생을 다른 시각으로 볼 수 있게 됩니다.

뭔가 '하고 싶은 것'이 있으면 겁내지 말고 도전해보았으면 합니다. 배우고 싶으면 뛰어들어 시간을 투자해보세요. 늦었다고 생각하지 마세요. 지금 이 순간이 앞으로의 인생 가운데 가장 젊을 때이니까요.

진정 자신이
원하는 것

일, 취미, 봉사 활동, 뭐든 좋습니다. 보람을 느끼면 건강하게 오래 살 수 있습니다.

저는 일 덕분에 바쁘게 살아왔습니다. 90세가 넘었지만 몇 개월은 쉬는 날 없이 일한 적도 있습니다. 주말에도 어린이집에 나와서 보육교사들의 일지에 짧게 저의 생각을 적고, 급여 계산을 합니다. 그 일이 아니어도 낭독, 이벤트, 공부 모임, 강연 등으로 끊임없이 활동합니다. 하지만 일하는 것이 휴식보다 훨씬 즐겁고 신이 납니다.

월급은 적은 반면 일은 고되고 힘든 일이 보육교사라는 직업입니다. 아이를 보살피는 일은 주의를 기울여야 할 것이 많아서 버겁기도 합니다. 그러나 그런 시선으로는 계산할 수 없는 즐거움과 매력이 있습니다. 우리 어린이집에서 일하는 사람은 모두 실감할 것입니다.

매일 아이들이 환하게 웃어줍니다. 그 모습을 보며 느껴지는 보람은 이루 말할 수가 없습니다.

아이가 생각지도 못한 큰 성장을 보여주었을 때, 조그맣던 아이가 어엿한 성인이 되어 어린이집을 찾아왔을 때, '아, 정말 행복하다'고 느낍니다.

그리고 이 나이에도 보육교사로 일하는 가장 큰 이유는 우리 어린이집의 보육 방식이 진심으로 좋다고 생각하기 때문입니다. '몬테소리 교육과 아들러 심리학'이 녹아든 보육 방식과 그것을 잘 흡수하고 받아들여준 선생님들과 아이들에게 그저 감사한 마음입니다.

늘 지금처럼 오마타 유아생활단이 오래오래 아이들과 함께하기를 바랍니다. 제 삶에서 이렇게 소중한 존재가 있다는 사실에 감사합니다.

여전히 할 일이 있고, 하고 싶은 일이 있다는 것은 큰 축복이라고 생각합니다. 그래서 더욱 행복함을 느낍니다. 지금이 행복하다고 오래 전의 고생이 마냥 아름다운 추억이 되지는 않습니다. 힘들었지만, 그때의 경험으로 지금의 제가 있다고 이해하게 된 것이지요.

지금까지 살아온 모든 순간을 포함해서 행복하다고 말할 수 있으니 참 감사한 일입니다. 내일은 또 어떻게 아이들을 만날까, 무엇을 배울까, 매일 설레는 92세입니다.

그래서 이렇게 자신 있게 말합니다. '진정 자신이 원하는 것'이 무엇인지 귀를 기울이고 그 순간을 즐기라고요. 살아오면서 많은 순간들이 있었지만 그래도 지금 현재를 긍정하는 것은 '제가 원하는 것'을 했기 때문이라 생각합니다.

그 마음을 여러분과 함께 진심을 다해 나누고 싶습니다.

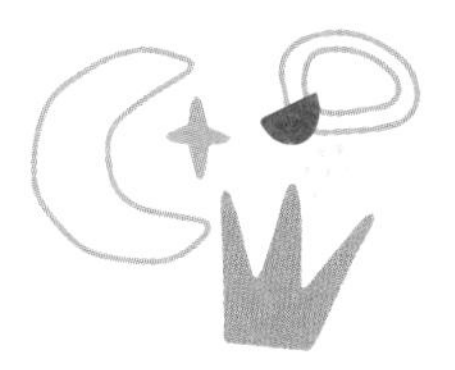

에필로그

온 마음으로 자신의 꽃을 피우는 아이들

지금까지 돌봤던 아이들 가운데 누가 가장 인상적이었냐는 질문을 받을 때가 있습니다. 매우 대답하기 어려운 질문으로, 아이들 모두 특별하고 사랑스러워서 도저히 한 명만 말할 수 없습니다.

그렇지만 보육교사로서의 자세를 깨닫게 해준 코우는 잊을 수 없습니다. 코우는 자폐증을 가진 아이였습니다.

"이 아이는 중증 자폐증을 앓고 있습니다. 고치려 하지 마세요. 교육하려고 하지 않아도 됩니다. 그냥 아이만 맡아줘서 어머니가 잠시 안심하고 쉴 수 있게 해주세요."

코우가 어린이집에 오고 대형 병원의 의사에게 불려가 그런 말을 듣고 불안한 마음이 들었습니다.

당시 제 나이가 45세, 50여 년 전 일입니다. 그때는 지금과 달리 자폐증에 대한 연구도 활발히 이루어지지 않았던 시절이었습니다.

그 해 여름, 자폐증에 관한 연수회에 갔는데 경력이 쟁쟁한 의사가 "자폐증은 부모의 가정교육 문제입니다" 하고 말했습니다. 그런데 다음해 같은 연수회에 갔는데 이번에는 "육아와는 관계없어요. 뇌의 문제입니다" 하고 말했습니다.

당시는 아직 그런 시대였습니다. 그래서 보육교사 대상의 정확한 지도서도 없었습니다. 시행착오의 연속이었지요. 궁금한 것은 전부 독학으로 공부할 수밖에 없었습니다.

코우는 말은 모음밖에 하지 못했고, 잠시도 가만히 있지 않고 뛰어다녔으며 의사소통이 되지 않았습니다.

또, 어린이집에 다니던 중에 아빠가 갑자기 사망했습니다. '세상에 이런 일이 있을까?' 믿을 수 없는 어려움이었습니다. 그렇게 살고 있던 집에서도 나오게 되어 코우의 어머니는 생계를 위해 열심히 일했고 저도 힘이 되어주고 싶어서 최선을 다해 아이를 돌봤습니다.

그때는 "오카와 선생님은 코우 일이라면 눈빛부터 바뀐다"

는 말을 많이 들었습니다. 저절로 그렇게 되었습니다.

아이가 어린이집을 졸업하고 멀리 떨어진 곳으로 이사 간 후에도 걱정이 되어 "코우는 말이지" 하고 아이 이야기를 꺼낼 때가 많았습니다. 시간이 많이 지나도 항상 아이가 마음에 걸렸습니다.

그런데 15년이 지나 성인식에서 코우를 본 순간 저의 걱정은 사라졌습니다. 코우에게 넥타이를 선물하면서 "많이 컸구나" 인사를 했습니다. 평범하게 대화를 나눌 수는 없었지만 너무 행복했습니다.

그로부터 28년 후, 저의 88번째 생일 축하 모임에서 코우를 다시 만났습니다. 모두가 "오카와 선생님 하면 코우지" 하고 초대해준 것입니다.

그 사이 코우는 장거리 트럭 운전사가 되었습니다. 어머니와 둘이 살 집을 짓고, 코우의 이름으로 대출을 받아 열심히 생활하고 있었습니다.

코우의 어머니가 얼마나 기뻤을까 생각하니 말이 나오지 않을 정도였습니다. 코우는 보란 듯이 훌륭하게 자립한 것입니다.

이것이 제가 생각하는, '자신의 꽃을 온 힘을 다해 피우는 것'입니다.

자신의 힘으로 활짝 꽃을 피운 코우, 자신이 할 수 있는 일로 사회 속에서 매일 충실하게 살아갑니다. 그 모습을 떠올리면 저도 모르게 행복해집니다.

지금까지 많은 이야기를 했습니다. 이런 저의 이야기가 아이가 '자유롭게 살아가는 힘과 책임감'을 키우는 데 조금이라도 도움이 되었으면 좋겠습니다. 읽으면서 느낀 것, 생각한 것, 납득한 것, 의아하게 여긴 것 이 모두를 앞으로 아이를 잘 키우는 데 활용할 수 있기를 바랍니다.

무엇보다도 엄마, 아빠가 행복한 마음으로 아이를 키워야 합니다. 육아에는 정답이 없어서 '잘해야 한다'는 압박을 느낄 수 있습니다. 실패해선 안 된다는 마음도 있을 것입니다.

그러나 아이에게 맡기고 아이를 믿어주세요. 즐거운 마음으로 아이와 마주할 수 있기를, 돌아보면 빠르게 지나가는 아이의 성장을 충분히 만끽할 수 있기를 바랍니다.

추천의 글

마음을 위로하는 따뜻한 '육아의 지혜'

이 책을 읽다가 주르륵 눈물이 났습니다. 육아서를 읽다 보면 울게 되는 경우가 가끔 있죠. 주로 '나도 이렇게 키웠어야 하는데! 이미 늦어버렸어. 아이에게 미안하다' 이런 자책 때문입니다. 하지만 오카와 시게코 선생님의 책을 읽고 운 이유는 다릅니다. "괜찮아, 괜찮아요. 꼭 해야 하는 건 없어요. 아이도 부모도 조금 편해지세요." 책을 읽다 보면 선생님이 저를 꼭 안아주는 것 같습니다. '아이를 사랑하는 일' 분명히 내 아이를 잘 키우기 위해 읽기 시작했는데, 제가 잘 크고 있는 것 같은 위로를 받게 됩니다. '아이를 사랑하는 일'은 곧 '나를 사랑하는 일'이기도 하네요. 특히나 제 마음에 와 닿은 몇 구절을 적어봅니다.

1. 안개꽃을 피울 아이에게 "이럴 리 없어. 이 아이는 장미로 자랄 거야!" 아이의 존재를 부정하지 않기.

어떤 꽃이든 자기 힘으로 자기만의 꽃을 피우면 됩니다. 존재만으로 누군가를 기쁘게 한다면 그것으로 충분합니다.

2. 자신을 이해할 수 있는 아이로 키운다.

내가 무엇을 원하는지 알고 스스로 선택하여 최선을 다한다! 상상만 해도 마음이 벅차오릅니다.

3. 아이가 문제 행동을 하는 것은 그만큼 자랐기 때문이다.

아이가 예상과 다른 행동을 보이며 문제 행동을 하면 '아, 이런 행동을 할 만큼 컸구나' 받아들이면 됩니다.

4. 안아주고, 안아주고, 안아주자.

아이는 부모가 전하는 따뜻한 온기를 통해 세상을 바라봅니다. 그보다 더 큰 사랑은 없습니다.

92세에도 아직도 현역 보육교사인 선생님이 저를 꼭 안아주었습니다. 눈물을 닦고 이 책의 문장을 수첩에 옮겨 적습니다. "내일은 또 어떻게 아이들을 만날까, 무엇을 배울까, 매일 설레는 92세입니다."

-전은주(그림책 전문가, 그림책 잡지 〈라키비움J〉 발행인)

홍성민 옮김

성균관대학교를 졸업하고 교토 국제외국어센터에서 일본어를 수료하였다. 현재 일본어 전문 번역가로 활동 중이다. 옮긴 책으로 『최고의 휴식』『회사습관병』『잠자기 전 30분』『세계사를 움직이는 다섯 가지 힘』『물은 답을 알고 있다』『인생이 빛나는 정리의 마법』『해피 버스데이』『삶의 보람에 대하여』『너는 착한 아이야』『당신이 선 자리에서 꽃을 피우세요』『사람은 사람으로 사람이 된다』『앞으로도 살아갈 당신에게』『무서운 심리학』『아들러에게 배우는 대화의 심리학』『처음 시작하는 심리학』『처음 시작하는 연애 심리학』『처음 시작하는 외모 심리학』 등이 있다.

아이를 사랑하는 일

초판 1쇄 펴낸 날 2021년 3월 23일
초판 2쇄 펴낸 날 2021년 4월 2일

지은이 오카와 시게코
옮긴이 홍성민
펴낸이 배경란 오세은
펴낸곳 라이프앤페이지
주 소 서울시 마포구 신촌로 2길 19, 316호
전 화 02-303-2097 **팩 스** 02-303-2098
이메일 sun@lifenpage.com
인스타그램 @lifenpage
이메일 www.lifenpage.com
출판등록 제2019-000322호(2019년 12월 11일)
디자인 파도와짱돌

ISBN 979-11-91462-00-5 (13590)